现代移动通信与网络技术

宋令阳　邸博雅　边凯归　编著

北京大学出版社

PEKING UNIVERSITY PRESS

内容简介

本书以移动通信与网络的发展历程为脉络,依次介绍了通信的基本技术、移动通信系统的技术标准和演变、移动互联网和移动物联网的关键技术及应用场景。书中介绍了多个移动互联网与物联网的科学研究工作,能够帮助读者更深入地了解相关领域的前沿发展。本书可作为高等院校通信和网络相关专业的教材,也可作为相关专业技术人员的自学和培训用书。

图书在版编目(CIP)数据

现代移动通信与网络技术 / 宋令阳,邸博雅,边凯归编著. —北京:北京大学出版社,2022.8

ISBN 978-7-301-33153-8

Ⅰ. ①现… Ⅱ. ①宋… ②邸… ③边… Ⅲ. ①移动通信 – 通信技术②网络通信 – 通信技术 Ⅳ. ①TN929.5②TN915

中国版本图书馆 CIP 数据核字(2022)第 112951 号

书 名	现代移动通信与网络技术
	XIANDAI YIDONG TONGXIN YU WANGLUO JISHU
著作责任者	宋令阳 邸博雅 边凯归 编著
责 任 编 辑	王 华
标 准 书 号	ISBN 978-7-301-33153-8
出 版 发 行	北京大学出版社
地 址	北京市海淀区成府路 205 号 100871
网 址	http://www.pup.cn
电 子 信 箱	zpup@pup.cn
新 浪 微 博	@北京大学出版社
电 话	邮购部 010-62752015 发行部 010-62750672 编辑部 010-62764976
印 刷 者	天津中印联印务有限公司
经 销 者	新华书店
	730 毫米×980 毫米 16 开本 12.75 印张 243 千字
	2022 年 8 月第 1 版 2022 年 8 月第 1 次印刷
定 价	36.00 元

前　言

20世纪以来,移动通信和网络技术迅速发展,通信技术标准不断更迭。随着如今物联网时代的到来,海量设备接入网络,为用户提供更多种类、更高质量的服务。在改变人们生活的同时,通信网络也面临着全新的挑战。在通信和网络专业的学习过程中,不仅需要掌握基础的传统理论知识,也应当对通信和网络领域的新技术、新研究有一定的了解。

本书讲解了通信和网络技术的基础知识,介绍了通信系统发展历程中的关键技术以及多个移动互联网与物联网领域的前沿研究工作。同时,本书注重理论与实际应用相结合,以无线智能家居设计为例,讲解了物联网项目设计和树莓派开发,鼓励读者在学习理论内容的基础上动手实践,开发属于自己的物联网项目。

本书共有6个章节。第1章对移动通信与网络进行了概括性的介绍;第2章介绍了几项基本通信技术及其原理;第3章介绍了1G至3G时代移动通信系统的演变和其中的关键技术;第4章介绍了4G与移动互联网以及移动电子商务、移动社交网络两大应用场景;第5章介绍了5G与移动物联网的关键技术和应用;第6章介绍了物联网络与人工智能,包括无线智能家居、边缘计算系统和智能电网的设计,相关项目的参考代码附在正文的链接中。

限于作者的水平和经验,书中难免存在疏漏和不妥之处,敬请各位读者和专家批评指正。

编者
2022年6月

目　　录

第1章 移动通信与网络概况

本章介绍了移动通信与网络技术的发展概况和应用场景。首先介绍了移动通信的发展历史和通信系统的基本模型;接着介绍了移动互联网的基本概念和移动互联网近年来的发展概况;然后介绍了物联网的概念发展和物联网的结构与特点;最后介绍了移动通信与网络的应用概况以及蜂窝通信网、移动互联网和移动物联网各自的典型应用场景。

1.1 现代移动通信

随着科技的发展,移动通信技术不断演进。从书信到固定电话,从"大哥大"到智能手机,人类一直在追求更加高效便捷的通信方式。

1.1.1 移动通信的历史

古时候,人们传递信息的渠道有限,主要使用书信传递。车载马驮、鸿雁传书,传递周期以月计算,效率十分低下。只有在战时才会使用烽火传信的方式,这种方式可以快速传递敌军的位置信息,但是能够传递的信息量有限,而且耗资巨大。

1820 年,丹麦物理学家汉斯·克里斯琴·奥斯特(Hans Christian Oersted)通过实验证明了电流的磁效应,如图 1.1 所示。

图 1.1 奥斯特的实验

一次实验中,奥斯特把一根很细的铂丝连在伏打电槽上,细铂丝下平行放置了一个用玻璃罩罩着的磁针。接通电源后,他发现磁针出现微弱的摆动现象,这一现象引起了他的注意。3个月后,奥斯特得出了一个新的发现:在通电导线的周围存在一个环形磁场,这就是电流的磁效应。这个发现震撼了整个欧洲物理学界,从而开启了电磁学研究的大门。

1831年,英国物理学家迈克尔·法拉第(Michael Faraday)发现了电磁感应现象。在奥斯特实验之后,法拉第认为电和磁一定是"对称的",既然电能生磁,那么磁一定也能生电。经过10年的探索,他终于监测到,在磁铁快速插进线圈的瞬间,连接线圈的电流表发生了摆动。这个现象证实了"磁生电"的猜想。根据这一原理,法拉第发明了最早的发电机——法拉第圆盘发电机,如图1.2所示。之后,随着各类电动机和发电机的制造成功,人们开始大规模生产电力和应用电力,人类社会也开始从"蒸汽时代"向"电气时代"发展。

图 1.2　法拉第圆盘发电机

1873年,英国物理学家詹姆斯·克拉克·麦克斯韦(James Clerk Maxwell)用严谨的数学形式总结了前人的工作,将电磁场的基本定律归结为四个微分方程,也就是麦克斯韦方程组。这四个微分方程分别是:高斯定律、高斯磁定律、麦克斯韦-安培定律和法拉第感应定律。麦克斯韦方程组统一了电和磁,并预言了光是一种电磁波,使得人们对电磁理论的研究迈上了一个新台阶。

1876年,美国人亚历山大·格雷厄姆·贝尔(Alexander Graham Bell)制造了世界上第一台可用的电话机并发送了世界上第一条电话信息,如图1.3所示。

1877 年,贝尔电话公司成立,从此电话开始普及,逐渐成了人们不可或缺的通信方式。

图 1.3　贝尔发明电话机

　　1888 年,德国物理学家海因里希·鲁道夫·赫兹(Heinrich Rudolf Hertz)通过实验证实了麦克斯韦电磁场理论的正确性。受到他的影响,意大利科学家吉列尔莫·马可尼(Guglielmo Marconi)一心投入电磁波的相关研究,获得多项无线电技术的相关专利。1901 年 12 月,他发射的无线电波越过大西洋,在约 3 380 千米以外的彼岸成功接收到无线电信号,吹响了无线电通信时代的第一声号角。

　　20 世纪,通信技术快速发展。1910 年,拉斯·马格努斯·爱立信(Lars Magnus Ericsson)和他的妻子制造出了世界上第一部车载电话,并成立了著名的爱立信公司。与此同时,无线电通信技术迅速发展,并在第二次世界大战中发挥了重要作用,以至于有人把第二次世界大战称为"无线电战争"。1920 年,美国匹兹堡的 KDKA 广播电台进行了首次商业无线电广播。1947 年,贝尔实验室首次提出了蜂窝通信的概念。1973 年,美国人马丁·劳伦斯·库帕(Martin Lawrence Cooper)制造了世界上第一部手机,1983 年,世界上第一部商用移动电话——摩托罗拉 Dyna TAC 8000X 诞生。随后数十年间,频分多址、时分多址、码分多址技术相继被应用于移动通信中,通话质量不断提升。

　　到了 21 世纪初,手机走进了千家万户,移动通信行业也变得更加标准化。从第一代移动通信技术(First Generation Mobile Communication Technology,1G)到第四代移动通信技术(4th Generation Mobile Networks,4G),数据传输速率越来越快,通信业务也从最基本的打电话扩展到了各种互联网的应用,如图 1.4 所示。如今第五代移动通信技术(5th Generation Mobile Networks,5G)的相关研究和应用也越来越多,利用 5G 低时延、高可靠性、低功耗的特点,实现智能生活、"万物互联"的目标已经不再遥远。

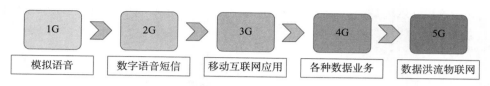

图 1.4　移动通信技术：从第一代到第五代

1.1.2　通信系统的模型

通信系统的一般模型如图 1.5 所示。

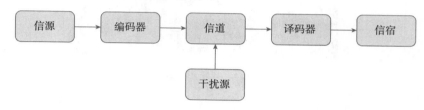

图 1.5　通信系统的一般模型

（1）信源是消息的来源，消息可以是文字、语音、图像等，既可以是离散的也可以是连续的。

（2）编码器是将信号（例如，比特流）或数据进行编制、转换为可用于通信、传输和存储的形式的设备，编码器可分为信源编码器和信道编码器。

① 信源编码器是对信源输出符号进行转换。它把信源输出符号序列变换为最短的码字序列，让后者能在保证无失真恢复原来序列的情况下，各码元荷载的平均信息量最大。常用于数据压缩、模拟信号的数字化。

② 信道编码器是对信源编码输出进行转换。它在原有信息的基础上，加入了一些冗余比特，把几个比特上携带的信息扩散到更多的比特上，从而降低误码率、提高数据传输的效率。

（3）信道的作用是用来传输信号。在通信系统中，信道按传输媒介可分为有线信道和无线信道两类。

① 有线信道包括明线、对称电缆、同轴电缆及光缆等。

② 无线信道包括地波传播、短波电离层反射、超短波或微波视距中继、人造卫星中继以及各种散射信道等。

（4）译码器是编码器的逆变换，它对接收的信号进行译码。

（5）信宿是信息的接收者。

（6）干扰源是系统各部分引入的干扰，例如多径衰落。

1.2 移动互联网

移动互联网是移动通信技术和互联网技术的融合,它不仅具有移动通信的随时、随地、随身的优点,同时也具有互联网的开放、分享、互动的优势,是一个以因特网协议(Internet Protocol,IP)为核心的、全国性的电信基础网络。

1.2.1 移动互联网的概念

移动互联网是互联网和移动通信技术结合的产物。移动互联网萌芽于 21 世纪初,在智能手机大范围普及后开始高速发展。2012 年,手机用户移动上网需求大幅增加,传统手机厂商纷纷效仿苹果手机模式,推出触摸屏智能手机和手机应用商店。各种移动互联网产品应运而生,推动了智能手机的普及。到了 4G 时代,移动上网速度得到极大的提升,移动互联网开始全面应用于各个领域。

移动互联网的快速发展成为推动工业化进程和技术变革的强大动力。随着 4G 的广泛商用,移动网络容量的提升,智能手机用户的数量大幅增加,互联网服务涉及的领域更加广泛且多样化,移动互联网的市场蓬勃发展。

移动互联网的发展离不开移动终端和移动操作系统的技术革新。下面分别对移动终端和移动操作系统进行介绍。

1. 移动终端

近年来,移动终端的数量呈指数增长,类型也更加多样化。智能手机、平板电脑、智能手表、智能家电等新形式的移动终端接连诞生,充分满足了人们移动上网的需求,如图 1.6 所示。

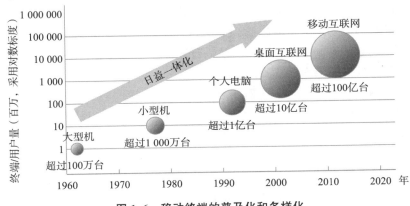

图 1.6 移动终端的普及化和多样化

从手机的外形变化，就可以窥见移动终端硬件的发展趋势。在 21 世纪初，手机作为一种移动通信工具，其便携性十分重要。早期的"大哥大"机身较大，外出不便携带，于是人们不断钻研硬件技术，手机越做越小，"翻盖手机""滑盖手机"一度非常流行。

随着移动互联网的普及，手机的功能不再仅仅是打电话、发短信，还可以浏览网页、玩简单的小游戏等等。这时苹果公司（Apple Inc.）推出了 iPhone 手机，受到了用户地广泛关注。大家发现，"没有键盘"的触摸屏手机不仅美观，按键体验更佳。于是各个厂商纷纷效仿苹果公司制造触摸屏手机。以谷歌公司（Google Inc.）开发的安卓（Android）系统和苹果公司开发的 iOS 系统为代表的移动操作系统也逐步完善。多种移动互联网应用出现在市场上，丰富了人们的"手机生活"。

随后，4G 网络普及，更快的网速使用户可以观看更高清的视频，体验更复杂的网络游戏，"大屏"又成了手机市场的趋势。于是近几年来，手机的边框越来越窄，屏幕越来越大，用户的体验也越来越好。

近年来，市场上的智能手机越来越相似，许多智能手机制造商也在做新的尝试，例如"透明手机""折叠手机"。可以预见，未来智能手机的功能一定会更加强大，携带起来也更加轻便。

2. 移动操作系统

目前主流的智能手机操作系统有 iOS、安卓和华为的 Harmony OS，此处介绍前两者。

iOS 是由苹果公司开发的移动操作系统，发布于 2007 年，最初服务于 iPhone 手机。iOS 系统拥有简单的用户界面和当时较为先进的触摸屏功能，打破了人们对手机的传统定义。2008 年，苹果推出了 iPhone 的服务软件 App Store，为第三方软件的开发者提供了一个方便高效的软件平台，开启了整个移动应用的时代。

iOS 是一个基于 UNIX 的操作系统，其开发语言是 Objective-C。和开源的安卓系统不同，iOS 是闭源系统，这意味着 iOS 更加安全，同时，由于苹果公司严格的监管制度，基于 iOS 平台的软件质量更有保证。iOS 采用了沙盒运行机制，这意味着一个程序不能直接访问其他应用程序。

iOS 的系统架构可以分为四个层次：

（1）核心操作系统层（Core OS Layer），它包括文件系统、内存管理、电源管理、安全框架以及一些其他的操作系统任务。它以 C 语言接口为主，是直接和硬件交互的一层。

（2）核心服务层（Core Services Layer），通过它可以访问 iOS 的一些服务，例如文件访问、网络连接、用户定位、数据库等。它以 C 语言接口为主。

（3）媒体层（Media Layer），它包括图形、动画、视频、音频、输入/输出（I/O）等相关组件,通过它可以在应用程序中使用各种媒体文件,进行音频与视频的录制、图形的绘制以及制作基础的动画效果。

(4) 可触摸层(Cocoa Touch Layer),这一层为开发者提供了各种有用的框架,主要负责用户在 iOS 设备上的触摸交互操作。

在 iOS 中,可触摸层的优先级最高,当用户触摸屏幕之后,系统会优先对可触摸层进行处理,然后依次是媒体层、核心服务层和核心操作系统层。这样做一定程度上提高了苹果手机的使用流畅性。

iPhone 手机打破了人们对手机的传统定义,成为行业的先行者,其丰富的软件生态和极简的设计理念保证了苹果公司在行业中至今领先的地位。

苹果的 iOS 发布之后,谷歌公司紧跟潮流,于 2008 年发布了 Android 1.0 操作系统。该系统包含了一整套谷歌的应用程序。开源的安卓系统以其自由、开放的软件生态环境、丰富的硬件资源吸引了一大批软件开发者和手机厂商的注意,从而后来居上,奠定了其在移动操作系统的统治地位。2017 年 3 月,在网络上,运行安卓系统的设备数量超越了运行微软的 Windows 操作系统的设备数量,成为全球第一大操作系统。

安卓系统[1]是由谷歌公司主导开发的一款基于 Linux 操作系统的移动操作系统,其编程语言以 Java 为主。在安卓系统中,所有的应用都运行在虚拟环境中,数据由底层传输到虚拟机中,再由虚拟机传递给用户界面(User Interface,UI),任何程序都可以轻松的访问其他程序文件。在安卓系统中,运行一个软件就相当于启动一个虚拟机,由于安卓允许程序在后台运行,所以更加耗费内存。在安卓系统中,权限最高的是数据处理指令。

目前最新的安卓系统架构可以分为五个层次:

(1) 系统应用(System App Location)层:这一层包含 Android 自带的核心应用,例如短信、日历、电子邮件、浏览器等。

(2) 应用框架(Java API Framework)层:这一层,开发者可以使用 Java 语言编写 API 调用安卓系统的整个功能集,包括 UI、通知管理器、资源管理器、内容提供程序等。

(3) 系统运行库(Native)层:① 原生 C/C++库(Native C/C++ Libraries):许多核心 Android 系统组件和服务所必需的 C 和 C++ 编写的原生库。②系统运行时库(Android Runtime,ART):这一层分为两部分:C/C++程序库和 Android 运行时库(Android Runtime,ART)。

(4) Linux 内核(Linux Kernel)层:Android 平台的基础是 Linux 内核。例如,ART 依靠 Linux 内核来执行底层功能,例如线程和底层内存管理。

(5) 硬件抽象层(Hardware Abstraction Layer,HAL):这一层提供了标准界

面,包含多个库模块,例如蓝牙或相机模块。当 Java API 框架要求访问硬件设备时,Android 系统将为该组件加载库模块。

1.2.2 移动互联网的发展

21 世纪初,我国的移动互联网市场开始萌芽。移动互联网受限于 2G 的通信速度和手机的智能程度,手机可以访问的互联网功能十分有限。2001 年 11 月,中国移动的"移动梦网"正式开通,除了打电话之外,还能提供短信、彩信、手机上网、手机游戏等多元化信息服务,因此市场上涌现了大批基于"移动梦网"的移动互联网服务提供商。

进入 3G 时代,以 iPhone 为代表的智能手机的出现,使得手机不再仅仅只是手机。相比于只能接打电话和完成简单多媒体应用的功能手机,智能手机像个人电脑一样,具有独立的操作系统,用户可以自行安装软件、游戏等第三方服务商提供的程序,并可以通过移动通信网络来实现无线网络接入,手机的功能进而不断扩充。

网速的大幅提升和移动互联网设备硬件技术的升级,使得用户可以通过手机获取更多的信息服务。百度、腾讯、新浪等各大互联网公司推出多种移动互联网的应用,抢占移动互联网的市场,以诺基亚为代表的传统手机逐渐淡出市场。

随着 4G 的到来,移动互联网开始全面应用于各个领域。在移动社交领域,有微信、微博、QQ 等常用社交软件;在移动购物领域,有淘宝、京东、拼多多等购物平台;基于位置的互联网服务平台包括滴滴出行、大众点评等;手机游戏行业越来越兴旺,王者荣耀、和平精英等游戏广受欢迎;除此之外还有音视频播放、图片编辑应用程序等。智能手机几乎能够满足人们生活、办公、娱乐的需求。

移动互联网已经成为全球经济增长的主要驱动力,用户与流量持续大规模增长。未来的移动互联网应用将结合云计算、数据挖掘等技术实现多元化发展,为用户提供更丰富、更优质的服务。与此同时,用户对信息安全的重视程度越来越高,如何保障用户的数据安全也成了移动互联网应用开发者重点关注的问题。

1.3 移动物联网

物联网是借助互联网、传统电信网等信息载体,使得所有能行使独立功能的普通物体实现互联互通的网络。在 5G 的支持下,物联网也迅速发展。这一节介绍物联网的基本概念和结构。

1.3.1　移动物联网的概念

物联网（Internet of Things，IoT）是在互联网的基础上延伸和扩展的网络，将各种信息、传感设备与互联网结合起来，实现人、机、物的互联互通。它是继计算机、互联网和移动通信网之后发展的一门新技术，是全球信息化发展的新阶段。物联网实现了数字化向智能化的过渡与提升。

目前大家接受度较高的物联网的定义是：通过射频识别（Radio Frequency Identification，RFID）设备、红外感应器、全球定位系统、激光扫描器等信息传感设备，按照约定协议，把任何物品与互联网连接起来，进行信息交换和通信，以实现智能化识别、定位、跟踪、监控和管理的一种网络。物联网是通信网和互联网的拓展和延伸，利用感知技术对物理世界进行感知识别，通过网络使物理世界互联，并进行计算、处理和知识挖掘，实现人与物、物与物的信息交互和无缝链接，达到对物理世界实时控制、精确管理和科学决策的目的。

1.3.2　移动物联网的发展

物联网的概念由美国麻省理工学院（Massachusetts Institute of Technology，MIT）Auto-ID 实验室于 1999 年提出。他们主张将射频识别等信息传感设备与互联网结合起来，实现产品信息在全球范围内的识别和管理，形成"物联网"。此时的"物联网"仅用于标识物品的特征。

2005 年，国际电信联盟（International Telecommunication Union，ITU）在《ITU 互联网报告 2005：物联网》报告中对物联网的概念进行扩展，提出任何时刻、任何地点、任何物体之间的互联，无所不在的网络和无所不在的计算的发展愿景，除射频识别技术外，传感器技术、纳米技术、智能终端技术等将得到更加广泛的应用。

2009 年，欧盟第七框架下 RFID 和物联网研究项目组发布了《物联网战略研究路线图》的研究报告，提出物联网是未来互联网的一个组成部分，可以被定义为基于标准的和可互操作的通信协议且具有自配置能力的动态的全球网络基础架构。

2010 年，温家宝总理在政府工作报告中提出"感知中国"战略，推动了我国物联网的研发和应用。

近年来，技术和应用的发展极大地拓展了物联网的内涵和外延，物联网是信息技术和通信技术的融合，是信息社会发展的趋势。

1.　物物通信（Machine to Machine，M2M）

物物通信是指设备对设备的通信技术，意为设备之间在无须人为干预的情形下，直接通过无线或者有线信道相互沟通而自行完成任务的一种模式或系统。

M2M 将数据从一台终端传送到另一台终端,也就是设备与设备之间通过网络进行信息交流与传递。例如,传统模式中,家用水、电、煤气都采用人工抄表的方式统计用水和计算水费,费时费力。现在,利用 M2M 就可以实现自动抄表,家中的设备直接与收费服务商的计费系统联网,省去大量的人力、物力。

M2M 并不等价于物联网,它是物联网的重要组成部分之一。M2M 将设备连接到设备,而物联网则不只是设备与设备的连接,还包括设备与人的连接,将不同的系统融合到一个扩展系统中,以实现新的应用,含义更加丰富。

M2M 的实现涉及四个重要部分:设备、M2M 硬件、通信网络和中间件。

(1) 设备。从设备中获得数据是实现 M2M 的第一步。只有通过设备之间的数据交流才能让设备具有信息感知、信息加工(计算能力)和无线通信的能力,从而让设备"开口说话"。可以通过下面两种方式让设备具有"说话"能力:

① 生产设备的时候嵌入 M2M 硬件;

② 对已有设备进行改装,使其具备通信和联网能力。

(2) M2M 硬件。M2M 硬件是使设备获得联网能力和远程通信的部件,它的主要任务是从设备那里获取信息,并对信息进行提取,将得到的信息传送给通信网络。M2M 硬件可以划分为下面五种:

① 传感器,即能感受到被测量的信息,并能将感受到的信息,按一定规律转换成电信号或其他所需的形式,以实现对信息的传输、处理、存储、显示、记录和控制等要求的一种检测装置。M2M 硬件中,传感器可分成普通传感器和智能传感器两种。智能传感器(Intelligent Sensor)是具有感知能力、计算能力和通信能力的微型传感器。由智能传感器组成的传感器网络(Sensor Network)是 M2M 的重要组成部分。一组具备通信能力的智能传感器以 Ad Hoc 方式构成传感器网络,感知、采集和处理网络覆盖区域中对象的信息,并发布给观察者;也可以通过全球移动通信系统(Global System for Mobile Communication,GSM)网络或卫星通信网络将信息传给远方的主系统。

② 嵌入式硬件,在 M2M 中主要指的是嵌入设备里面,使其具备网络通信能力的硬件。常见的产品是支持 GSM/GPRS 或 CDMA 移动通信网络的无线嵌入数据模块。

③ 可改装硬件,在 M2M 的工业应用中,厂商拥有大量不具备 M2M 通信和联网能力的设备,可改装硬件就是为满足这些设备的网络通信能力而设计的。

④ 调制解调器,上面提到嵌入式硬件将数据传送到移动通信网络上时,起的就是调制解调器(Modem)的作用。如果要将数据通过公用电话网络或者以太网送出,分别需要相应的 Modem。

⑤ 识别标识,就是每台机器、每个商品的"身份证",使机器之间可以相互识别

和区分。常用的技术包括：射频识别（RFID）技术、条码技术等。识别标识已经被广泛用于商业库存和供应链管理。

（3）通信网络。通信网络在整个 M2M 中处于核心地位，负责将 M2M 硬件传输的信息送达到指定位置，主要包括：

① 广域网（无线移动通信网络、卫星通信网络、因特网（Internet）、公众电话网）。

② 局域网（以太网、无线局域网（Wireless Local Area Network，WLAN）、蓝牙（Bluetooth））。

③ 个域网（蜂舞协议（ZigBee）、传感器网络）。

（4）中间件。中间件是介于操作系统（包括底层通信协议）和各种分布式应用程序之间的一个软件层，为用户提供了一个统一的运行平台和友好的开发环境。M2M 行业有各种各样的终端设备，它们各自拥有不同的业务逻辑和运行程序，就像不同国家使用不同的语言，彼此之间的信息交流和数据交换存在沟通障碍，中间件的存在相当于一个翻译，让不同的机器能够彼此沟通，对加快物联网大规模化发展具有重要作用。中间件包括两部分：

① M2M 网关。网关是 M2M 的"翻译员"，它获取来自通信网络的数据，将数据传送给信息系统处理。主要的功能是完成不同通信协议之间的转换。

② 数据收集/集成部件。这一部分主要是对原始数据进行加工和处理，并将结果呈现给需要这些信息的观察者和决策者，从而将数据变成有价值的信息。这些中间件主要包括：数据分析和商业智能部件、异常情况报告和工作流程部件、数据仓库和存储部件等。

2. 泛在网（Ubiquitous Network）

泛在网是指人与人、人与物、物与物之间按需进行的信息获取、传递、存储、认知、决策、使用等服务，具有超强的环境感知、内容感知能力，为个人和社会提供泛在的、无所不含的信息服务和应用。

根据美国经济学家乔治·吉尔德（George Gilder）于 1993 年提出的梅特卡夫定律（Metcalfe's Law），一个网络的价值等于该网络内的节点数的平方，而且该网络的价值与联网的用户数的平方成正比。随着越来越多的人、物、数据和互联网联系起来，互联网的力量（实质上是网络的网络）正呈指数增长。从本质上讲，网络的力量大于部分之和，使得万物互联，能够达到令人难以置信的强大。

相比于物联网，IoE 是一个更加广泛的概念，物联网通过网络将物（Things）连接起来，让其无须人工交互即可相互通信。IoE 则将人、数据和物集合在一起，通过将信息转化为行动使得网络更具相关性，强调万物互联。

物联网是泛在网发展的物联阶段。通信网、互联网、物联网之间的相互融合是泛在网发展的目标。

1.3.3 物联网的结构和特点

1. 物联网的结构

物联网的结构可以分为感知层、网络层和应用层,如图 1.7 所示。

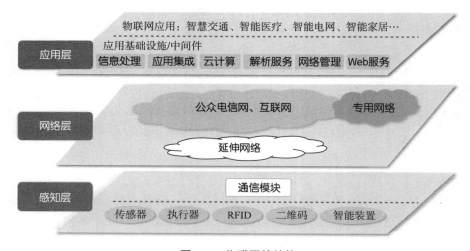

图 1.7 物联网的结构

感知层实现对物理世界的智能感知识别、信息采集处理和自动控制,并通过通信模块将物理实体连接到网络层和应用层。感知层涉及的主要技术有信息采集、组网通信和传输技术。

(1)信息采集技术:主要包括传感器、RFID、多媒体信息采集、微机电系统(Micro Electro Mechanical System,MEMS)、条码和实时定位等技术;

(2)组网通信技术:主要实现传感器和 RFID 设备等获得的数据的近距离传输,以及自组织网;

(3)传输技术:包括无线和有线两种方式。有线方式包括现场总线、开关量、公用电话交换网(Public Switched Telephone Network,PSTN)等传输技术;无线方式包括 RFID、红外感应、Wi-Fi、ZigBee、GPS 等传输技术。

网络层负责实现信息的传递、路由和控制。网络层可依托于公众电信网和互联网,也可以依托于行业专用的通信网络。网络层涉及不同网络传输协议的互通、自组织通信等多种网络技术,此外还涉及资源和存储管理技术。现阶段网络层的技术基本能够满足物联网数据传输的需要。针对物联网新的需求,未来网络层的技术还需要继续优化。

应用层又分为应用基础设施/中间件和各种物联网应用(也称为物联网应用子层)。应用基础设施/中间件为物联网应用提供信息处理、计算等通用基础服务设施、能力及资源调用接口,以此为基础实现物联网在众多领域的各种应用,包括支撑跨行业、跨应用、跨系统之间的信息协同、共享、互通;包括基于面向服务的架构(Service-Oriented Architecture,SOA)的中间件技术、信息开发平台技术、云计算平台技术和服务支撑技术等。物联网应用包括智慧交通、智能医疗、智能电网、智能家居等。

2. 物联网的特点

物联网的基本特征可以概括为:全面感知、可靠传送和智能处理,如图 1.8 所示。

图 1.8 物联网的基本特征

(1)全面感知:指物联网能够随时随地采集和获取物体信息。主要利用 RFID、产品电子码、传感器等感知技术。

(2)可靠传送:指物体信息能够通过物联网可靠地交换与共享。在物联网中,将需要感知的物体接入网络,通过各种通信网络与互联网的融合得以实现信息的传递。

(3)智能处理:指物联网能够实时地对多样的海量数据和信息进行分析和处理,以实现智能化决策与控制。主要利用了云计算、模糊识别等各种计算技术。

1.4 生活中的移动通信与网络

1.4.1 移动通信与网络应用概况

移动通信与网络在生活中无处不在。以滴滴出行为例(如图 1.9 所示)。滴滴出行是城市生活中常用的出行平台。使用滴滴出行平台打车,能够随时随地预约车辆出行。比起传统的在路边等待出租车的打车模式,滴滴出行提高了司机的接单率,降低了乘客的等待时间,为城市出行带来了巨大的便利。在使用滴滴出行的过程中,都用到了哪些通信服务呢?

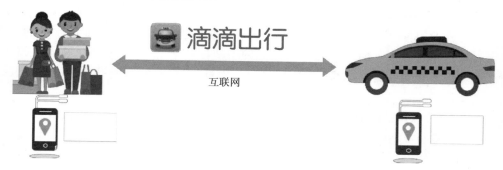

图 1.9　滴滴出行

使用滴滴出行打车用到的通信服务主要包括:①用户连上无线网络,通过滴滴出行手机客户端设置自己的上下车地点,呼叫附近车辆;②滴滴司机可以在客户端上查看附近乘客的订单并选择接单;③司机接单后,乘客可以在客户端地图上看到司机的实时定位,与司机进行电话或短信联系;④当司机接到乘客并将乘客送达指定位置之后,乘客可以在手机上进行支付。

在以上过程中,手机、通信网络和客户端软件都发挥了关键作用,三者缺一不可。因此,这一节将对移动通信运营商、移动通信设备生产商和移动网络服务提供商进行初步介绍,使读者了解通信产业的发展。

1. 移动通信运营商

移动通信运营商是移动通信和网络服务的供应商。无论是打电话、发短信,还是访问互联网,都是由移动通信运营商提供服务。中国的三大移动通信运营商有:中国电信集团有限公司(简称中国电信)、中国移动通信集团有限公司(简称中国移动)、中国联合网络通信集团有限公司(简称中国联通)。

以中国移动为例。中国移动主要经营移动语音、数据、宽带、IP 电话和多媒体业务,具有计算机互联网国际联网单位经营权和国际出入口局业务经营权。除提供基本语音业务外,中国移动还提供传真、数据等业务,有"全球通""神州行""动感地带"等著名服务品牌。

在互联网大幅兴起之前,移动通信运营商依靠人口红利,收入大幅增长。然而近年来,电信行业的客户数量逐渐趋于饱和;互联网行业快速发展,冲击着传统通信市场;大数据时代来临,用户对通信网络的要求越来越高。因此,移动通信运营商不得不随之进行改革,开发新型业务,寻找互联网中的新机遇。

中国移动就是积极转型互联网业务的运营商之一。自 2010 年起,中国移动设立了与互联网相关的十大基地；在 2015 年，成立了专门负责互联网业务的中移互联网有限公司，全面向互联网转型；2020 年 3 月，中国移动采购超过 23 万个 5G 基站，带头推进 5G 通信的应用与发展。在中国移动通信的发展历程中，中国移动始终发挥着主导作用，被称为三大运营商的"领头羊"，在国际移动通信领域也占有重要地位。

2. 移动通信设备生产商

移动通信设备生产商为通信过程提供硬件支持。知名的移动通信设备生产商有爱立信公司、华为技术有限公司（以下简称华为）、诺基亚公司等。

我们以华为为例。华为成立于 1987 年，主要生产交换、传输、无线和数据通信类产品，为全球范围的客户提供网络设备和服务。如今随着 5G 时代的到来，各大移动通信设备生产商都在抢占 5G 的制高点。在 5G 网络的建设中，华为正在扮演越来越关键的角色。

5G 也就是第五代移动通信技术，其峰值传输速度理论上可达 10Gbps 以上。在这个网速下，一秒就能下载完一部 4K 高清电影。在自动驾驶和物联网的场景中，当所有设备（如手机、智能电器、汽车等）需要全部连接到互联网时，只有 5G 网络提供的大带宽、低时延和高可靠性才能够支撑这样的"万物互联"。因此，5G 能够推动经济社会的数字化进程，具有相当广阔的应用前景。

根据全球移动供应商协会（Global Mobile Suppliers Association，GSA）的报告，截至 2019 年年底全球已有 34 个国家的 62 个运营商正式宣布 5G 商用，而华为支持了其中的 41 个国家，占比高达 2/3，成为世界之首。华为提供的 5G 网络，速度快、价格相对低廉，因此客户认可度很高。华为还启动了"5G 合作伙伴创新计划"，与行业伙伴合作进行产品开发，加速 5G 在多个行业的商用。华为在中国乃至世界的 5G 生态建设中，都起到了关键的作用。

3. 移动网络服务提供商

移动网络服务提供商是提供各种应用服务的网络平台，如提供社交服务的微博、微信、QQ；提供网购服务的淘宝、京东、拼多多；提供视频观看服务的爱奇艺、腾讯视频等。滴滴出行是一个典型的基于位置服务（Location Based Service，LBS）的应用，即利用各类型的定位技术来获取设备当前位置，通过移动互联网向定位设备提供信息资源和基础服务。滴滴出行利用全球定位系统（Global Positioning System，GPS）定位乘客和司机的实时位置，建立了一个线上约车平台，给乘客和司机提供了新型的出行方式。

2012 年开始，滴滴出行陆续推出了多种新型出行方式。滴滴专车主要面向中高端商务租车群体，提供舒适度较高的租车服务；滴滴快车是一种优惠出行服务，乘客在平台发布自己的定位和目的地定位，司机按意愿"接单"，搭载乘客；滴滴顺风车为乘客提供了拼车出行的平台;此外还有滴滴代驾、滴滴公交、滴滴租车等服务。如今,滴滴出行已覆盖全国 300 多个城市,大幅缩短了人们出行的等待时间。

滴滴出行优化了乘客的打车体验,改变了传统出租车司机的等客方式。在滴滴出行平台,司机可以根据乘客目的地按意愿"接单",节约了司机与乘客的沟通成本,降低了空载率,最大化地节省了司乘双方的资源与时间。

1.4.2　蜂窝通信网的应用

1976 年美国摩托罗拉公司首先将无线电应用于移动电话。1976 年,国际无线电大会批准了 800/900 MHz 频段用于移动电话的频率分配方案。1978 年年底,美国贝尔试验室成功研制出先进移动电话系统(Advanced Mobile Phone System,AMPS),建成蜂窝式移动通信网,1G 由此诞生。利用 1G 的模拟语音技术,人们可以使用"大哥大"手机进行移动通信,拨打和接听语音电话。但由于受到传输带宽的限制,那时的手机不能进行移动通信的长途漫游,只是一种区域性的移动通信系统。

2G 以数字语音传输技术为核心,极大地提高了通信传输的保密性。除了可以打电话,一些系统还支持短信息服务;有些还可以低速上网,传输数据量低的电子邮件等。

3G 将无线通信和互联网等通信技术全面结合,可以处理图像、音乐等媒体形式。除了这些功能外,在 3G 的支持下,还可以浏览电脑网页,开展电话会议;QQ、微信等社交软件也走进了越来越多人的生活。为了支持这些功能,3G 可以对不同数据传输的速度提供充分的支持,无论是在室外、室内还是在行车的环境下,都可以提供有效的数据传输。可以说 3G 的发展进一步促进了智能手机的发展,智能手机的迅速增长也为 3G 的发展提供了动力。

1.4.3　移动互联网的应用

随着移动通信进入 4G 时代,移动互联网以超高速向前发展。由于网络速度的提升和手机等移动设备的智能化,手机可以随时随地满足人们的通信、工作、娱乐等生活需求。

移动互联网给电子商务行业带来了巨大变化。如今在中国的城市生活中,许多日常的买卖交易只需通过微信、支付宝等移动支付就可以完成,省去了现金交易的麻烦。淘宝、京东等网购平台更是在移动互联网的环境下蓬勃发展。在任何时候,都可以在手机上挑选和订购所需的商品,等待不久后,物流人员就会送货上门。

移动互联网也让社交网络更加丰富。亲朋好友之间就算距离再远,也可以通过视频通话联络感情;通过微博、微信朋友圈,能够快速了解互联网上的各种信息。

在办公方面,移动互联网使得在手机上随时开展视频会议成为可能;可以多人同步编辑文档、表格等,大幅提升工作效率。在娱乐生活中,不仅可以看电子书、听音乐、看视频,还可以体验更丰富、更复杂、更有趣的游戏……

　　移动互联网的出现为城市生活带来了颠覆性的改变,使得各个领域的应用皆可在小小的手机上实现。

1.4.4　移动物联网的应用

　　在生活中,处处可见各式各样的传感设备,如图 1.10 所示,收集来自人或物的信息,为人们提供更加智能化的服务。

图 1.10　各式各样的传感设备

　　在物联网中,大量传感器收集所有可利用的信息,通过网络连接起来,实现"人与物"的连接、"物与物"的连接,如图 1.11 所示。

　　物联网的发展可以概括为三个方面:

　　(1)网络结构的拓展:物联网可以有更多的节点、更多的连接。在任意时间和地点可以创建任意设备的连接。

　　(2)更多的频带扩充:物联网可以拥有更宽的频谱,例如应用长期演进技术(Long Term Evolution,LTE)、5G 等。

　　(3)功能增强:实现以数据为中心,内容导向型的网络,实现自动感知系统,进一步实现智能化。

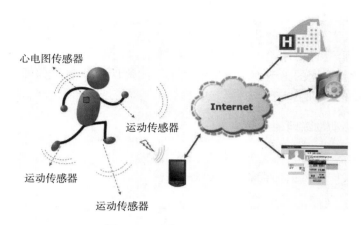

图 1.11　人与物相连示例

物联网的发展相当迅速。20 世纪 90 年代，基于 RFID 技术的物联网概念被提出。2000 年年初，无线传感器执行器网络（Wireless Sensor and Actuator Networks，WSAN）诞生，服务于工厂流水线等自动化场景。随着 3G 时代的到来，智能手机横空出世。各种手机应用、Web 服务如雨后春笋般。人们用手机不仅是打电话，还可以听音乐、玩游戏，极大地丰富了人们的生活。

到了 2010 年，4G 进入人们的生活。更多智能化的软硬件产品，让人们的生活更加便利。而 2020 年，云计算、大数据等技术更加成熟，物联网场景更趋于多样化，如图 1.12 所示。智慧交通、智能医疗、智能家居……物联网通过"万物互联"为人们提供更智能化的服务，为人们的生活带来极大便利。可以说物联网是通信和互联网融合发展的必然趋势。

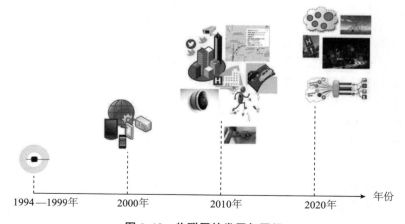

图 1.12　物联网的发展与展望

习　　题

1. 说说你眼中的移动通信发展历程。移动通信的发展为我们的生活带来了哪些变化?

2. 你常用的移动互联网应用有哪些? 试着调研其中一个常用的移动互联网应用,它包括哪些关键技术?

第2章　基本通信技术

　　电话和网络通信已经成为人们生活不可或缺的一部分。本章将对基本通信技术进行讲解,首先介绍无线电波的基础知识,然后介绍通信原理、信道编码、多址技术和无线网络技术。

2.1　无线电波

2.1.1　电磁波基础

1. 麦克斯韦的电磁波

　　牛顿统一了天上、地下的物体运动规律,而麦克斯韦统一了电和磁。他把所有的电磁现象都用方程组完美地描述,并在1864年预言了电磁波的存在,还给出了电磁波的速度就是光速的结论,这意味着光也是一种波。后来,赫兹通过实验证实了电磁波的存在,如图2.1所示。在自然科学的研究中,麦克斯韦的《电磁学通论》与牛顿的《自然哲学的数学原理》以及达尔文的《物种起源》齐名。

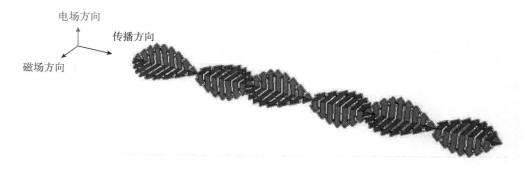

图 2.1　电磁波示意图

　　如式2.1所示的麦克斯韦方程组,是麦克斯韦在19世纪建立的一组描述电场、磁场与电荷密度、电流密度之间关系的偏微分方程。麦克斯韦方程组由四个方程组成,分别是:描述电荷如何产生电场的高斯定律;论述磁单极子不存在的高斯磁定律;描述时变磁场如何产生电场的法拉第感应定律;描述电流和时变电场怎样产生磁场的麦克斯韦-安培定律。

$$
\begin{cases}
\nabla \cdot \boldsymbol{E} = \dfrac{\rho}{\varepsilon_0} \\[2mm]
\nabla \cdot \boldsymbol{B} = 0 \\[2mm]
\nabla \times \boldsymbol{E} = -\dfrac{\partial \boldsymbol{B}}{\partial t} \\[2mm]
\nabla \times \boldsymbol{B} = \mu_0 \left(\boldsymbol{J} + \varepsilon_0 \dfrac{\partial \boldsymbol{E}}{\partial t} \right)
\end{cases}
\tag{2.1}
$$

2. 特斯拉的无线电

无线电,又称无线电波、射频电波、电波,或射频,是指在自由空间(包括空气和真空)传播的电磁波。在电磁波谱上,其波长长于红外线光。频率范围为 300 GHz 以下,其对应的波长范围为 1 mm 以上。就像其他电磁波一样,无线电波以光速前进,经由闪电或天文物体,可以产生自然的无线电波。而由人工产生的无线电波,被应用在无线通信、广播、雷达、通信卫星、导航系统、电脑网络等应用上。

如图 2.2 所示,纪念无线电发明者的主题邮票,左上为尼古拉·特斯拉(Nikola Tesla),中上为达斯科·波波夫(Dusko Popov),左下为古列尔莫·马可尼(Guglielmo Marconi)。可以说,如果没有无线电作为通信的基石,就不会有现在如此繁荣的移动互联网。

图 2.2　无线电发明者主题邮票

2.1.2　无线电天线

天线是能够接收和发射无线电的装置,其本质是一种变换器,它可以将传输线中的高频电磁能转化为自由空间的电磁波,同时也能将自由空间的电磁波转化为传输线中的高频电磁能。无线电通信、广播、电视、雷达、导航、电子对抗、遥感、射电天文等工程系统中,凡是利用电磁波来传递信息的部分,都是依靠天线来进行的。此外,在用电磁波传送能量时,非信号的能量辐射也需要天线。

如图 2.3 所示,天线可视为一个四端网络。当导线载有交变电流时,就可以形成电磁波的辐射,辐射的能力与导线的长短和形状有关。如果两根导线的距离很近,两根导线间所产生的感应电动势几乎可以抵消,因此辐射很微弱。如果将两根导线张开,这时由于两根导线的电流方向相同,由两根导线所产生的感应电动势方向相同,产生较强的辐射。

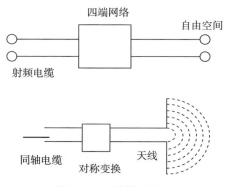

图 2.3 天线原理剖析

当导线的长度远小于波长时,导线的电流很小,辐射很微弱;当导线的长度增大到可与波长相比拟时,导线上的电流大大增加,因此就能形成较强的辐射。通常将上述能产生显著辐射的直导线称为振子。

天线也可以像接收器一样工作。如果传播的电磁场击中天线,这样的电场将改变正负电荷在天线中的分布,此时天线会产生一个变化的电压信号,起到将空间中的电磁波转化为天线中的电磁能的作用。

2.2 通信原理

2.2.1 信号的采样和量化

采样是指用每隔一定时间的信号样值序列来代替原来在时间上连续的信号,也就是在时间上将模拟信号离散化,将连续信号转换为离散信号,如图 2.4 所示。

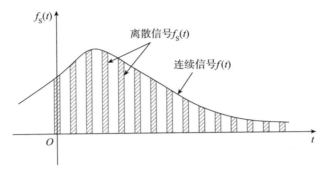

图 2.4　信号采样示意图

离散信号经过信号量化转换为数字信号。信号量化是指将信号的连续取值（或大量的离散取值）近似为有限多个（或较少的）离散值的过程，即用一组规定的电平，把瞬时抽样值用最接近它的电平来表示；或把输入信号幅度连续变化的范围分为有限个不重叠的子区间（量化级），每个子区间用该区间内一个确定的数值表示，落入其内的输入信号将以该值输出，从而将连续输入信号变为具有有限个离散电平的近似信号。相邻量化电平的差值称为量化阶距。样值与其量化电平之差称为量化误差或量化噪声。

信号量化可分为均匀量化和非均匀量化两类。均匀量化又称为线性量化，量化阶距相等，适用于信号幅度均匀分布的情况。非均匀量化又称为非线性量化，其量化阶距不相等，适用于幅度非均匀分布信号（例如语音信号）的量化。通常在非均匀量化中，对小幅度信号采用较小的量化阶距，以保证有较大的量化信噪比；对非平稳随机信号，电平范围可能随时变化，为了有效提高其量化信噪比，可采用量化阶距自适应调整的自适应量化。语音信号的自适应差分脉码调制（Adaptive Differential Pulse-Code Modulation，ADPCM）就采用了这种方法。

2.2.2　信源编码

1. 信源编码简介

信源编码是指针对信源输出符号序列的统计特性来寻找某种方法，把信源输出符号序列变换为最短的码字序列，使各码元所载荷的平均信息量最大，同时又能保证无失真地恢复到原来的符号序列。信源编码可以减少数据的冗余，起到"压缩"作用，提高通信的有效性。

克劳德·艾尔伍德·香农（Claude Elwood Shannon）的信源编码定理（又称无噪声编码定理）确立了数据压缩的限度。假设一个离散型随机变量 $X \in \{x_1 \cdots, x_N\}$，其相应概率为 $\{p(x_1) \cdots, p(x_N)\}$，设计一个编码系统，将 x_i 编成 n_i 位的二进制序列,通过一个通信网络将其从 A 位置传输到 B 位置。为避免混乱,要求编码后的序列不能出现一个序列是另一个序列的延伸。假设每个信号单位从 A 位置到 B 位置的过程没有发生错误,则编码的码长期望不小于随机变量的信息熵$H(X)$:

$$\sum_{i=1}^{N} n_i p(x_i) \geqslant H(X) = -\sum_{i=1}^{N} p(x_i) \log p(x_i)$$

信源编码定理表明(在极限情况下,随着独立同分布随机变量数据流的长度趋于无穷)不可能把数据压缩到码率(每个符号的比特的平均数)比信源的香农熵还小,否则几乎可以肯定信息会丢失。但是有可能使码率任意接近香农熵,且丢失信息的概率极小。

最原始的信源编码是莫尔斯电码(Morse Code)。美国信息交换标准码(American Standard Code for Information Interchange,ASCII 码)和电报码也都属于信源编码。现代通信中常见的信源编码方式有:哈夫曼编码(Huffman EnCoding)、算术编码和 L-Z 编码,这三种编码都是无损压缩编码。本书主要就哈夫曼编码进行简要介绍。

2. 哈夫曼编码

哈夫曼编码是一种无损压缩编码,也是一个经典的数据结构。哈夫曼编码是 1952 年为文本文件而建立的,属于可变字长编码。哈夫曼编码采用自底向上的形式构造哈夫曼树,按照字符的概率分配码长,从而实现平均码长最短的编码。哈夫曼编码方法可以用下面的例子来理解。

假如有 A,B,C,D,E 五个字符,它们出现的频率(即权值)分别为 5,4,3,2,1,如图 2.5 所示。第一步,取两个最小权值的字符(权值为 1 和 2)作为左右子树构造一个新树,其节点为 1+2=3,如图 2.5(a)所示。

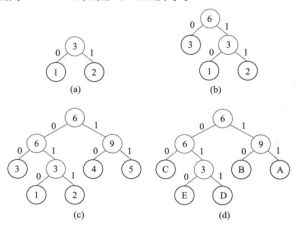

图 2.5　Huffman 编码示例

第二步，把新生成的权值为 3 的节点放到剩下的集合中，所以现有的权值为：5,4,3,3。再取最小的两个权值构成新树，如图 2.5(b)所示。依次类推，直到所有的权值都添加到树中，如图 2.5(c)所示。

最后将各个权值替换对应的字符，如图 2.5(d)所示，得到 A 的编码为 11,B 的编码为 10,C 的编码为 00,D 的编码为 011,E 的编码为 010。

2.2.3 星座图映射

星座图用一张图描述了输入数据、同相/正交(In Phase/Quadrature,I/Q)数据和载波相位/幅度三者之间的映射关系。

由于星座图完整、清晰地表达了数字调制的映射关系，因此很多书中经常用一张星座图代表数字调制，数字调制也因此经常被称为"调制星座"。

1. BPSK 调制星座图

二进制相移键控(Binary Phase-Shift Keying,BPSK)调制星座如图 2.6 所示。2 个星座点都位于复平面的单位圆上，每个星座点到原点的距离均为 1。2 个星座点到原点距离的均方根为 1。

$$\sqrt{\frac{1}{2}\sum_{i=1}^{2}(I_i^2+Q_i^2)}=1$$

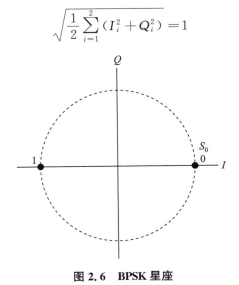

图 2.6 BPSK 星座

2. QPSK 调制星座图

四相移相键控(Quadrature Phase-Shift Keying,QPSK)调制星座如图 2.7 所示。4 个星座点都位于复平面的单位圆上，每个星座点到原点的距离均为 1。4 个星座点到原点距离的均方根为 1。

$$\sqrt{\frac{1}{4}\sum_{i=1}^{4}(I_i^2+Q_i^2)}=1$$

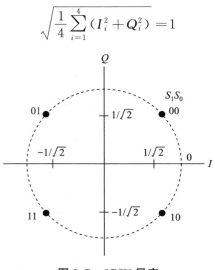

图 2.7　QPSK 星座

2.2.4　信号调制

首先需要了解,从无线电发射装置发射出来的信号一般是高频信号,因为低频信号是传不远的。语音信号的频率一般为 $20\ \mathrm{Hz}\sim 20\ \mathrm{kHz}$,属于低频信号。所以,使用无线电来传输数据时,首先要将低频信号(内容)变成高频信号(快递),这个过程就称为调制,如图 2.8 所示。最常见的调制方式为:幅度调制(Amplitude Modulation,AM)和频率调制(Frequency Modulation,FM)。

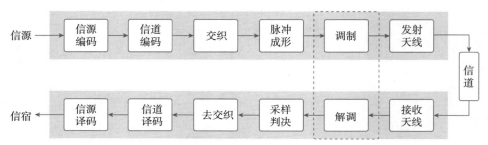

图 2.8　信号的调制/解调

在无线传输中,信号是以电磁波的形式通过天线辐射到空间的。为了获得较高的辐射效率,天线的尺寸一般应大于发射信号波长的 1/4。然而,基带信号包含的较低频率分量的波长较长(低频波的波长较长),致使天线的尺寸过长而难以实现。因此,通过调制把基带信号搬至较高的载波频率上(高频波的波长较短),可以大大减少辐射天线的尺寸。另外,调制可以把多个基带信号分别搬到不同的载波频率上,以实现信道的多路复用,提高信道利用率。最后,调制可以扩展信号传输的带宽,提高系统的抗干扰、抗衰落能力,提高传输的信噪比。信噪比的提高是以牺牲传输的带宽为代价的。因此,在通信系统中,选择合适的调制方式是非常关键的。

简而言之,信号调制的作用有三点:

(1) 便于无线发射,减小天线尺寸;

(2) 频分复用,提高通信容量;

(3) 提高信号抗干扰能力。

为了充分利用信道容量,满足用户的不同需求,通信信号采用了不同的调制方式。随着电子技术的快速发展以及用户对信息传输要求的不断提高,通信信号的调制方式经历了由模拟到数字,由简单到复杂的发展过程。

基带信号通过调制转换成频带信号,再进行传输。调制的基本过程是:发射端产生高频载波信号,高频载波信号的幅度、频率或相位随着调制信号(基带信号)变化,形成频带信号,传输到接收端,接收端再将调制信号通过解调恢复成基带信号。

根据要调制的信号是模拟信号还是数字信号,调制可分为模拟调制和数字调制。

1. 模拟调制

模拟调制是指要调制的信号是模拟信号。模拟调制一般分为三种:幅度调制、频率调制和相位调制。

(1) 幅度调制:用模拟信号去控制高频载波的幅度,又被称为调幅。

(2) 频率调制:用模拟信号去控制高频载波的频率,又被称为调频。

(3) 相位调制:用模拟信号去控制高频载波的相位,又被称为调相。

在移动通信系统中用的比较多的是幅度调制,因此下面重点讲解幅度调制。

幅度调制的基本思路是:用低频电信号去控制高频载波的幅度,也就是在发射端让高频载波的幅度随着低频电信号而变化,到了接收端将高频载波的幅度变化信息提取出来,就可以恢复低频电信号。

幅度调制也分为很多种,其中标准幅度调制在无线电广播中用得比较多,先从标准幅度调制讲起。下面是一个标准幅度调制的简单示例,要调制的低频电信号如图 2.9 所示。

假定高频载波为 100 kHz 的余弦信号,如图 2.10 所示。

高频载波的幅度随低频电信号变化,已调高频电信号的波形如图 2.11 所示。

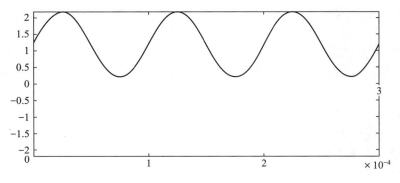

图 2.9　要调制的低频电信号

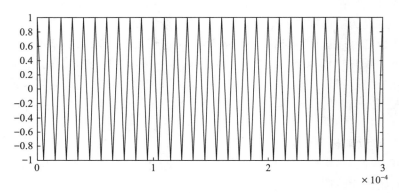

图 2.10　高频载波

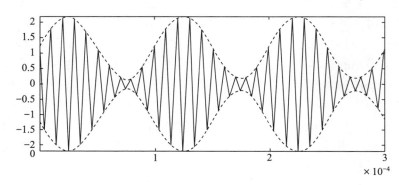

图 2.11　已调高频电信号

标准幅度调制的原理如图 2.12 所示。

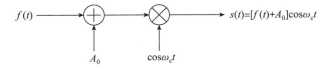

图 2.12　标准幅度调制的原理

调制信号：$f(t)$；

载波信号：$\cos\omega_c t$；

已调信号：$s(t)=[f(t)+A_0]\cos\omega_c t$，其中：$A_0>|f(t)|$。

假定调制信号 $f(t)$ 的频谱如图 2.13 所示。

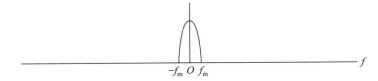

图 2.13　调制信号的频谱

载波信号的频谱如图 2.14 所示。

图 2.14　载波信号的频谱

那么已调信号的频谱如图 2.15 所示。

图 2.15　已调信号的频谱

调制的方法已经有了，如何解调呢？利用二极管的单向导通、电容的低通滤波和隔直特性就可以实现解调，如图 2.16 所示。

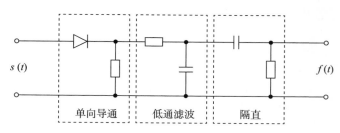

图 2.16　标准幅度解调的原理

第一步,利用二极管的单向导通性对信号进行处理,得到的信号波形如图 2.17 所示。

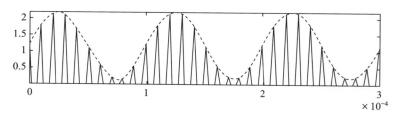

图 2.17　幅度解调 1

第二步,利用电容的高频旁路特性进行低通滤波,得到的基带信号波形如图 2.18 所示。

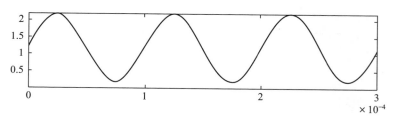

图 2.18　幅度解调 2

第三步,利用电容的隔直特性将基带信号调至零电平附近,如图 2.19 所示。

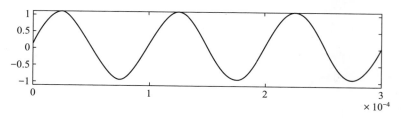

图 2.19　幅度解调 3

2. 数字调制

前文所讲的模拟调制用于传输模拟信号。如果要传输 0110001 这样的二进制数据怎么办？这就要用到数字调制了。

数字调制的思路与模拟调制类似,通过控制高频载波的幅度、频率或相位来实现数字信号的传输。PSK 调制是移动通信系统中最常见的数字调制。

相移键控(Phase Shift Keying,PSK),就是让高频载波的相位随着输入的数字信号变化。

(1) BPSK 载波的相位有两种,分别代表 0 和 1,如图 2.20 所示。

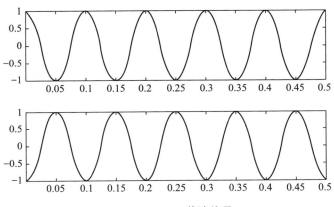

图 2.20　BPSK 载波信号

在 BPSK 调制中:0 对应的载波相位为 0,已调信号为:$\cos\omega_c t$;1 对应的载波相位为 π,已调信号为:$\cos(\omega_c t + \pi) = -\cos\omega_c t$。

两个已调信号中都有 $\cos\omega_c t$,完全可以采用幅度调制来实现,只要在幅度调制之前增加一个映射即可。BPSK 调制的实现原理如图 2.21 所示。

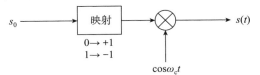

图 2.21　BPSK 调制的实现原理

假定输入数据为:0110,对应的波形如图 2.22 所示。

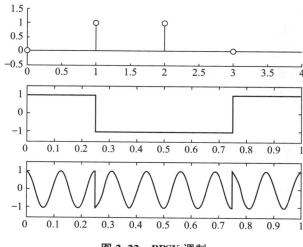

图 2.22　BPSK 调制

BPSK 解调的实现原理如图 2.23 所示。

图 2.23　BPSK 解调的实现原理

　　根据前面所讲幅度调制的解调原理,经过低通滤波器,可以恢复映射后的电平,只要在每个码元的中间时刻进行采样判决,就可以恢复输入数据,如图 2.24 所示。

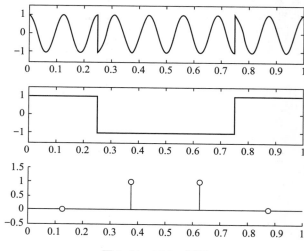

图 2.24　BPSK 解调

（2）BPSK 是利用载波的 2 个相位（0 和 1）进行数据传输，可不可以利用载波的 4 个相位来进行数据传输呢？答案是肯定的，这就是 QPSK。QPSK 载波的相位有 4 种，分别代表 00,01,11,10,如图 2.25 所示。

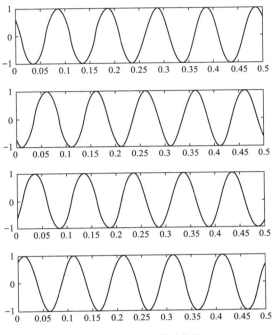

图 2.25　QPSK 载波相位

2.3　信道编码

信道是指信号在通信系统中传输的通道，其任务是以信号的方式传输信息和存储信息，是通信系统必不可少的组成部分。信道的特性对通信系统的总特性有直接的影响。

信道可以分为狭义信道和广义信道，如图 2.26 所示。

（1）狭义信道：发射端和接收端之间传输媒质的总称，是任何一个通信系统都不可或缺的组成部分。按传输媒质的不同，狭义信道又可分为有线信道与无线信道两类。

（2）广义信道：除包括传输媒质外，还包括有关的变换装置（如发射设备、接收设备、馈线与天线、调制器、解调器等）。

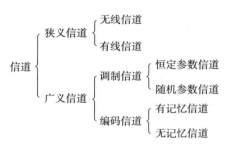

图 2.26 信道的分类

一般而言,信道中存在随机噪声,因此输入信号与输出信号之间一般不是确定的函数关系,而是统计依赖的关系。所以无线通信就采用信道编码的方式对抗信道中的噪声和衰减,通过增加冗余(例如,校验码),来提高抗干扰能力以及纠错能力。

2.3.1 信道模型

1. 调制信道

调制信道模型描述了信道的输出信号和输入信号之间的数学关系。在此模型中,信道、输入信号、输出信号存在以下特点:

(1)信道具有输入信号端和输出信号端。

(2)信道一般是线性的,即输入信号和对应的输出信号之间满足叠加原理。

(3)信道是因果,即输入信号经过信道后,相应的输出信号的响应有延时。

(4)信道使通过的信号发生畸变,即输入信号经过信道后,相应的输出信号会发生衰减。

(5)信道中存在噪声,即使输入信号为零,输出信号仍然具有一定的功率。

因此,调制信道可以被描述为一个多端口线性系统。如果信号通过信道发生的畸变是随时间变化的,那么这是一个线性时变系统,这样的信道被称作"随机参数信道";如果信号通过信道发生的畸变与时间无关,那么这是一个线性时不变系统,这种信道被称作"恒定参数信道"。

如图 2.27 所示,对于二对端的调制信道模型,其输出与输入的关系应该有:

$$s_o(t) = f[s_i(t)] + n(t)$$

其中,$s_i(t)$ 为输入的已调信号,$s_o(t)$ 为信道总输出波形,$n(t)$ 为加性噪声/干扰,且与 $s_i(t)$ 相互独立。$f[s_i(t)]$ 表示已调信号通过网络所发生的线性时变。

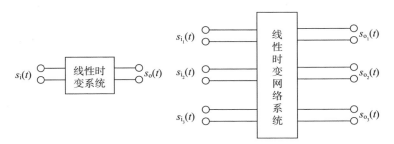

图 2.27 二对端的调制信道模型

2. 编码信道

编码信道对信号的影响是一种数字序列的变换,即把一种数字序列变成另一种数字序列。编码信道的特征如下:

(1)编码信道一般被看成一种数字信道;

(2)编码信道模型可以用数字的转移概率来描述;

(3)编码信道可分为有记忆编码信道和无记忆编码信道。

如图 2.28 所示,把 $P(0/0)$,$P(1/0)$,$P(0/1)$,$P(1/1)$ 称为信道转移概率。以 $P(1/0)$ 为例,其含义是"经信道传输,把 0 转移为 1 的概率"。

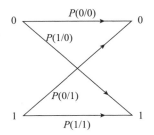

图 2.28 二进制编码信道模型

在实际信道上传输数字信号时,由于信道传输特性不理想以及加性噪声的影响,收到的数字信号不可避免地会发生错误。为了在已知信噪比的情况下达到一定的误比特率指标,首先应合理设计系统的基带信号,选择调制、解调方式,采用频域均衡和时域均衡,使误比特率尽可能降低。但若误比特率仍不能满足要求,则必须采用信道编码,即差错控制编码,将误比特率进一步降低,以满足指标要求。随着差错控制编码理论的完善和数字电路技术的发展,信道编码已成功地应用于各种通信系统中,且在计算机、磁记录与存储中也得到日益广泛的应用。

2.3.2　信道编码

信道编码的基本做法是：在发射端被传输的信息序列上附加一些监督码元，这些多余的码元与信息码元之间以某种确定的规则相互关联（约束）。接收端按照既定的规则检验信息码元与监督码元之间的关系，一旦传输过程中发生差错，则信息码元与监督码元之间的关系将受到破坏，从而可以发现错误，乃至纠正错误。研究各种编码和译码的方法正是差错控制编码所要解决的问题。

常用的差错控制方式主要有三种：自动检错重发（Automatic Error Request，ARQ）、前向纠错（Forward Error Correction，FEC）和混合纠错（Hybrid Error Correction，HEC）。这里我们主要讲解 FEC。

1.　前向纠错码

（1）重复码。在数据中增加冗余信息的最简单方法，就是将同一数据重复多次发送，这就是重复码。例如：将每一个信息比特重复 3 次编码：0→000，1→111。接收端根据少数服从多数的原则进行译码。例如：发送端将 0 编码为 000 发送，如果接收到的是 001，010，100，就判为 0，如图 2.29 所示。

图 2.29　重复码示意 1

发射端将 1 编码为 111 发送，如果接收到的是 110，101，011，就判为 1，如图 2.30 所示。

图 2.30　重复码示意 2

很明显，按照这种方法进行编译码，如果只错 1 位没问题，可以正确译码，如果错 2 位就不行了。例如：发送端将 0 编码为 000 发送，到了接收端变成了 110，会被译码为 1，译码出错，如图 2.31 所示。

图 2.31　重复码示意 3

重复码还有一个很大的问题是：传输效率很低。还是以上面的重复码为例，将同一个信息比特发送了 3 次，传输效率只有 1/3。

（2）分组码。为了提高传输效率，将 k 位信息比特分为一组，增加少量多余码元，共计 n 位，这就是分组码。

包含 k 位信息比特的 n 位分组码，一般记为 (n,k) 分组码，如图 2.32 所示。

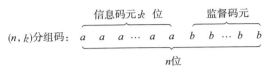

图 2.32　分组码

分组码中的 $(n-k)$ 位多余码元是用于检错和纠错的，一般称为监督码元或校验码元，它只监督本组码中的 k 个信息比特。

（3）奇偶校验码。最简单的分组码就是奇偶校验码，其监督码元只有 1 位。

奇偶校验码是奇校验码和偶校验码的统称，是最基本的检错码。它由 $(n-1)$ 位信息比特和 1 位监督码元组成，可以表示成为 $(n,n-1)$。如果是奇校验码，再附加上一个监督码元以后，码长为 n 的码字中"1"的个数为奇数个；如果是偶校验码，再附加上一个监督码元以后，码长为 n 的码字中"1"的个数为偶数个。

例如：$(3,2)$ 偶校验码，通过添加 1 位监督码元使整个码字中 1 的个数为偶数：$00 \rightarrow 000, 01 \rightarrow 011, 10 \rightarrow 101, 11 \rightarrow 110$。

检错：收到 1 个码字，对所有位做异或，如果为 0，判为正确；如果为 1，判为错误。

纠错：奇偶校验码只能检测奇数个错误，不能纠正错误。

接着上面的例子，000 错 1 位（错成 001,010 或 100）可以通过 1 的个数为奇数发现错误，如图 2.33 所示。

图 2.33　奇偶校验码示意

但其不能纠正错误。以收到 001 为例，有可能是 000 错第 3 位导致的，还有可能是 011 错第 2 位导致的，还有可能是 101 错第 1 位导致的，无法推断出来发送的数据到底是 000,011 还是 101，因此无法纠错，如图 2.34 所示。

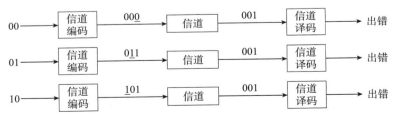

图 2.34　奇偶校验码无法纠错示意

(4) 汉明码。奇偶校验码只有 1 位监督码元,只能发现奇数个错误,但不能纠正错误。而汉明码可以检测 2 位错误,纠正 1 位错误。

以(7,4)汉明码为例,信息码元为 4 位,监督码元为 3 位,如图 2.35 所示。

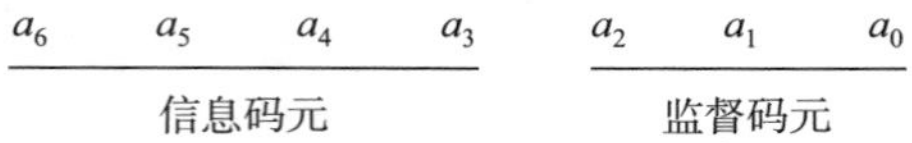

$$a_6 \quad a_5 \quad a_4 \quad a_3 \qquad a_2 \quad a_1 \quad a_0$$

信息码元 　　　　　　　　 监督码元

图 2.35　汉明码示意

监督码元和信息码元的监督关系如图 2.36 所示。

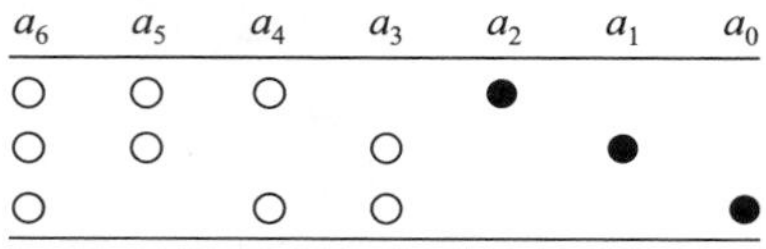

图 2.36　汉明码监督关系

遍历所有信息码元(4 位),可以得到 16 个码字,如表 2-1 所示。

表 2-1　汉明码监督关系 1

序号	信息码元($a_6a_5a_4a_3$)	监督码元($a_2a_1a_0$)
0	0000	000
1	0001	011
2	0010	101
3	0011	110
4	0100	110
5	0101	101
6	0110	011
7	0111	000
8	1000	111
9	1001	100
10	1010	010
11	1011	001
12	1100	001
13	1101	010
14	1110	100
15	1111	111

如果接收到的码字不在上表中,一定是出现了误码。如何判断是哪位出错了

呢? 可以通过各位码元的对应关系得到,如表 2-2 所示。

表 2-2　汉明码监督关系 2

a_6	a_5	a_4	a_3	a_2	a_1	a_0	$s_2s_1s_0$
							000
错							111
	错						110
		错					101
			错				011
				错			100
					错		010
						错	001

例如:收到的码字为 0101011,$s_2s_1s_0$=110,说明 a_5 出错,也就是 0101011 中有下划线的那个 1 是错的。

发现错误位后,只要将对应位取反:0 改为 1,1 改为 0,就完成了纠错。接着前面的例子,发现 a_5 出错后,只要将其取反即可得正确的码字 0001011,这就实现了纠错。

(5) 卷积码。从前面的描述来看,分组码编码器每次输入 k 个信息码元,输出 n 个码元,每次输出的码元只与本次输入的信息码元有关,而与之前输入的信息码元无关。接下来介绍的卷积码,其编码器输出除了与本次输入的信息码元有关外,还与之前输入的信息码元有关。

一般用 (n,k,K) 来表示卷积码,其中:n 是编码器每次输出的码元个数;k 是编码器每次输入的信息码元个数,一般 $k=1$;K 是约束长度,在 $k=1$ 的情况下,表示编码器的输出与本次及之前输入的 K 个码元相关。

例如 $(2,1,3)$ 卷积:编码器每次输入 1 个码元,输出 2 个码元,这 2 个码元与本次及之前输入的 3 个码元相关。

① 编码器工作原理。$(n,1,K)$ 卷积码编码器一般使用 $(K-1)$ 级移位寄存器来实现。

例如:$(2,1,3)$ 卷积码编码器需要 2 级移位寄存器,如图 2.37 所示。

输入:m_i

输出:u_1 和 u_2

存在转化关系:

$$u_1=m_i\oplus m_{i-1}\oplus m_{i-2}$$

$$u_2=m_i\oplus m_{i-2}$$

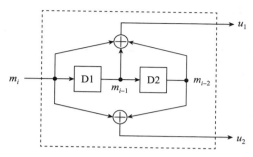

图 2.37　卷积码编码器

两个移位寄存器的初始状态为：00；

假定输入序列为：11011，左侧数据先输入。

寄存器的状态及编码器输出变化如表 2-3 所示。

表 2-3　寄存器的状态和编码器输出变化

输入	寄存器状态		输出
m_i	m_{i-1}	m_{i-2}	u_1u_2
1	0	0	11
1	1	0	01
0	1	1	01
1	0	1	00
1	1	0	01

② 编码器网格图。两个寄存器的输出共有 4 种可能状态：00，10，01，11，沿纵轴排列，以时间为横轴，将寄存器状态和编码器输出随输入的变化画出来，这就是编码器网格图，如图 2.38 所示。

实线表示输入 0，虚线表示输入 1。实线和虚线旁边的数字表示编码器输出。

在 t_1 时刻：寄存器状态为 00。

在 t_2 时刻：

　　如果输入为 0，寄存器状态保持 00，编码器输出 00；

　　如果输入为 1，寄存器状态变为 10，编码器输出 11。

在 t_3 时刻：

　　如果前一时刻寄存器状态为 00：

　　　　如果输入为 0，寄存器状态保持 00，编码器输出 00；

　　　　如果输入为 1，寄存器状态变为 10，编码器输出 11。

　　如果前一时刻寄存器状态为 10：

　　　　如果输入为 0，寄存器状态变为 01，编码器输出 10；

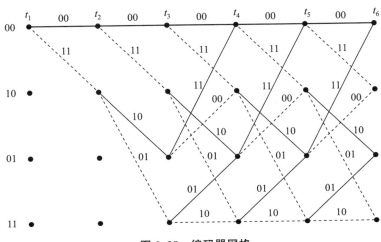

图 2.38　编码器网格

如果输入为 1,寄存器状态变为 11,编码器输出 01。

在 t_4 时刻:

如果前一时刻寄存器状态为 00:

如果输入为 0,寄存器状态保持 00,编码器输出 00;

如果输入为 1,寄存器状态变为 10,编码器输出 11。

如果前一时刻寄存器状态为 10:

如果输入为 0,寄存器状态变为 01,编码器输出 10;

如果输入为 1,寄存器状态变为 11,编码器输出 01。

如果前一时刻寄存器状态为 01:

如果输入为 0,寄存器状态变为 00,编码器输出 11;

如果输入为 1,寄存器状态变为 10,编码器输出 00。

如果前一时刻寄存器状态为 11:

如果输入为 0,寄存器状态变为 01,编码器输出 01;

如果输入为 1,寄存器状态保持 11,编码器输出 00。

后续时刻的状态不再赘述。

还以输入序列 11011 为例。通过编码器网格图,很容易得到输入序列 11011 编码得到的输出序列:11 01 01 00 01,如图 2.39 所示。

2. 自动检错重发

发射端发送具有一定检错能力的码,接收端如果发现出错,立即通知发射端重传,如果还是错,则再次请求重传,直至接收正确为止,这就是自动检错重发。

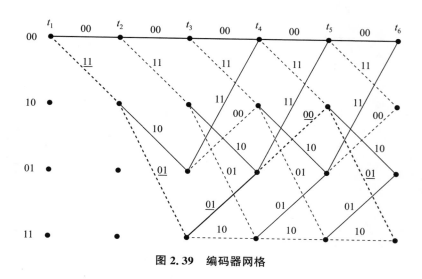

图 2.39 编码器网格

2.3.3 交织技术

交织是指将信道编码后的码字逐行写入交织寄存器,再逐列读出并发送出去,如图 2.40 所示。

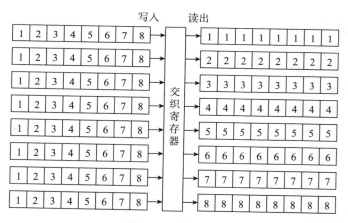

图 2.40 交织示意

去交织是指将接收到的数据逐行写入去交织寄存器,再逐列读出码字用于信道译码,如图 2.41 所示。

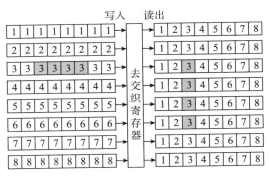

图 2.41　去交织示意

2.4　多址技术

2.4.1　时分多址

1. 时分复用的定义

时分复用(Time Division Multiplexing，TDM)技术是将不同的信号相互交织在不同的时间段内，沿着同一个信道传输；在接收端再用某种方法，将各个时间段内的信号提取出来还原成原始信号的通信技术。这种技术可以在同一个信道上传输多路信号。

如图 2.42 所示，TDM 技术按时间将信道划分为 N 个时隙，并行传输 N 路数据。

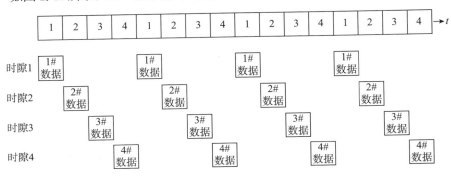

图 2.42　TDM 示意

2. 时分多址的定义

时分多址(Time Division Multiple Access，TDMA)技术将时间资源划分成

帧,一帧的时间又划分为若干个时隙,不同的用户使用不同的时隙。实际上,为了防止互相干扰,不同时隙之间会有一些保留时间。

将 N 个时隙动态分配给多个用户使用,如图 2.43 所示。

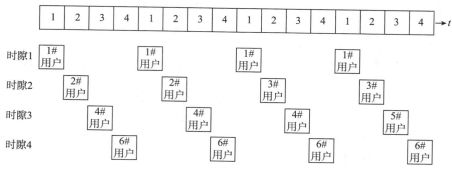

图 2.43 TDMA 示意

在接收端,用户选择某个时隙,并且使用定时器与基站同步。TDMA 依赖于高精度的定时技术,所以 1G 时代以频分多址(Frequency Division Multiple Access,FDMA)技术为主,2G 时代,用于定时的石英振荡器已经达到了新的成熟水平,TDMA 技术才开始大规模应用起来。2G 的全球移动通信系统(GSM)就采用了 TDMA 编码的方式。在 GSM 中,一个载频承载八路语音信号,每个用户占用 1/8 的时间,为了完整传输数据,语音数据的速率会提高 8 倍,接收端接收到以后展开数据,就能实现连续的语音传输。

利用 TDMA 技术,多个用户组合在一个载波频段上,可以增加系统的利用率和频谱容量。

基站可以只用一台发射机,这样可以避免像 FDMA 技术那样因多部不同频率的发射机同时工作而相互干扰。

3. TDM/TDMA 的实现

无线通信系统中 TDM/TDMA 的实现原理如图 2.44 所示。

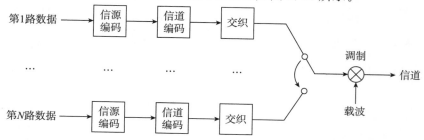

图 2.44 TDM/TDMA 实现原理

经过信源编码、信道编码、交织等处理的多路数据按照一定的时序关系对载波进行调制,即可实现 TDM/TDMA。

2.4.2　频分多址

1. 频分复用的定义

按频率将信道划分为 N 个载波,并行传输 N 路数据,这就是频分复用(Frequency Division Multiplexing,FDM),如图 2.45 所示。

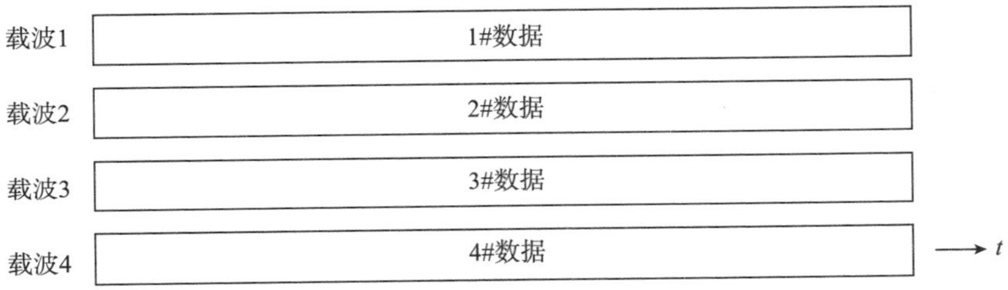

载波1　1#数据

载波2　2#数据

载波3　3#数据

载波4　4#数据　$\longrightarrow t$

图 2.45　FDM 示意

2. 频分多址的定义

FDMA 技术把总带宽分成了多个正交的信道,每个用户占用一个信道。这也就是说,如图 2.46 所示,不同用户占据了不同的频段,同时为了防止相互干扰,两个相邻的频段之间会保留一定的带宽。在接收端可以通过滤波器实现特定频段的选择。

用户1　用户2　用户3　用户4　用户5

图 2.46　频分多址

具体做法就是把不同频段的 N 个子载波动态分配给多个用户使用,如图 2.47 所示。

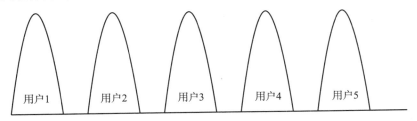

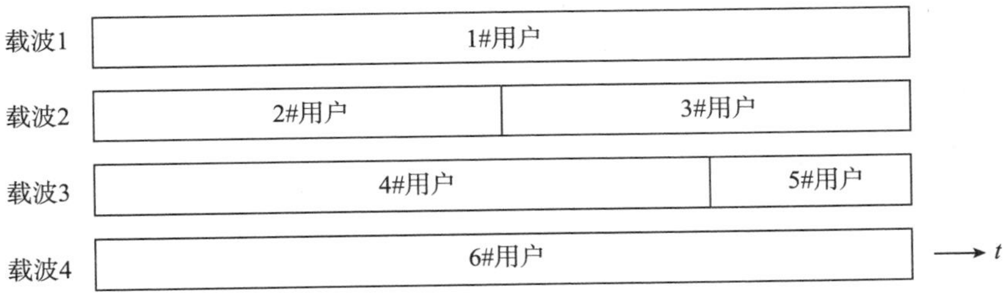

载波1　1#用户

载波2　2#用户　3#用户

载波3　4#用户　5#用户

载波4　6#用户　$\longrightarrow t$

图 2.47　FDMA 示意

3. FDM/FDMA 的实现

无线通信系统中 FDM/FDMA 的实现原理如图 2.48 所示。利用调制技术,将多个用户的多路数据分别调制到多个载波上,即可实现 FDM/FDMA。

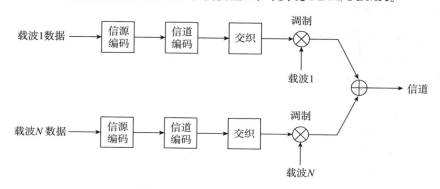

图 2.48　FDM/FDMA 实现示意

2.4.3　正交频分多址

1. 正交频分复用的定义

在通信系统中,信道所能提供的带宽通常比传送一路信号所需的带宽要宽得多。如果一个信道只传送一路信号是非常浪费的,为了能够充分利用信道的带宽,就可以采用频分复用的方法。正交频分复用(Orthogonal Frequency Division Multiplexing,OFDM)的思想是:将信道分成若干正交的子信道,将高速数据信号转换成并行的低速子数据流,调制在每个子信道上进行传输。正交的信号可以通过在接收端采用相关技术来分开,这样可以减少子信道之间的相互干扰。每个子信道上的信号带宽小于信道的相关带宽,因此每个子信道可以看成是平坦性衰落,从而可以消除码间串扰,而且由于每个子信道的带宽仅仅是原信道带宽的一小部分,因此,信道均衡变得相对容易。

一般的 FDM,为了避免载波之间相互干扰,增加了保护带宽,造成了频谱浪费,导致频谱利用率低,如图 2.49 所示。

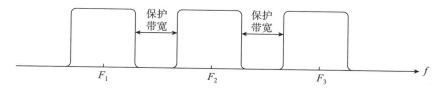

图 2.49　FDM 频谱示意

OFDM 为了提高频谱利用率,采用了相互正交的子载波,子载波间不需要增加保护带宽,如图 2.50 所示。

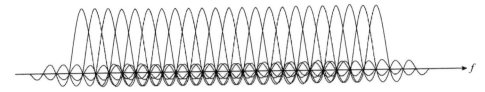

图 2.50　OFDM 频谱示意

2. 正交频分多址的定义

正交频分复用技术通过频分复用实现高速串行数据的并行传输,它具有较好的抗多径衰弱的能力,能够支持多用户接入。

将 N 个子载波和 M 个符号动态分配给多个用户使用,这就是正交频分多址(Orthogonal Frequency Division Multiple Access,OFDMA),如图 2.51 所示。

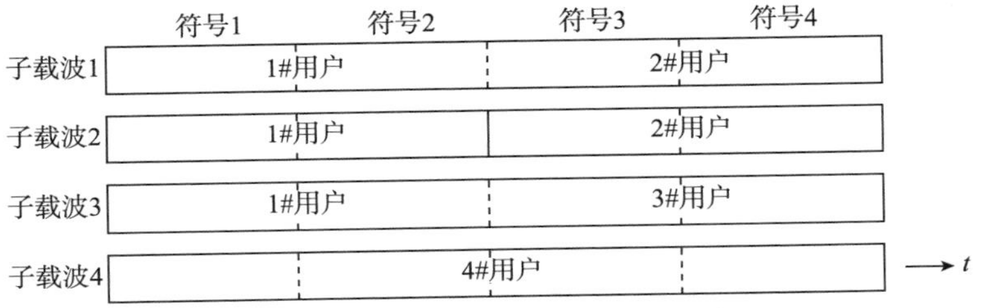

	符号1	符号2	符号3	符号4
子载波1	1#用户		2#用户	
子载波2	1#用户		2#用户	
子载波3	1#用户		3#用户	
子载波4		4#用户		→ t

图 2.51　OFDMA 频谱示意

2.4.4　码分多址

1. 码分复用的定义

码分复用(Code Division Multiplexing,CDM)技术既共享信道的频率,也共享时间,是一种真正的动态复用技术。在 CDM 中,按码字将信道划分为 N 个码道,并行传输 N 路数据,这就是码分复用,如图 2.52 所示。所谓码字,就是由 −1 和 1 构成的一组序列。

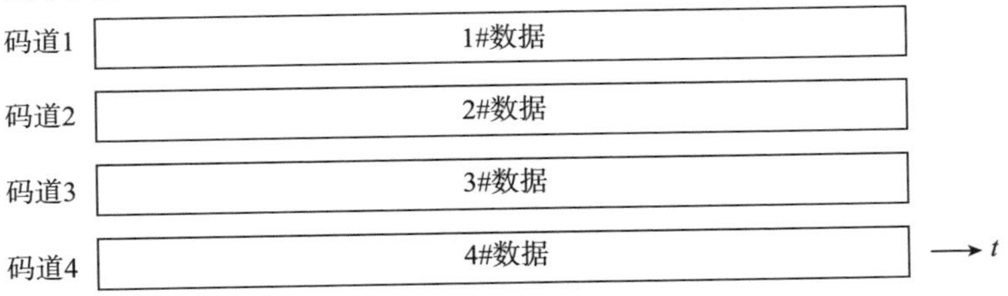

码道1	1#数据
码道2	2#数据
码道3	3#数据
码道4	4#数据　→ t

图 2.52　CDM 示意

2. 码分多址的定义

将 N 个码道动态分配给多个用户使用,就是码分多址(Code Division Multiple Access,CDMA),如图 2.53 所示。

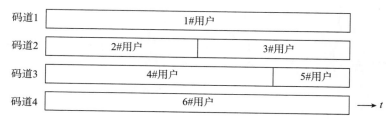

图 2.53 CDMA 示意

码分多址是利用码序列相关性实现的多址通信,其基本思想是靠不同的地址码来区分地址。每个配有不同的地址码的用户所发射的载波(为同一载波)既受基带数字信号调制,也受地址码调制,接收时,只与其地址码的接收端,才能解调出相应的基带信号,而其他接收端因地址码不同,无法解调出信号。划分是根据码型结构不同来实现的。一般选择伪随机码(Pseudo-Noise Code,PN 码)作地址码。由于 PN 码的码元宽度远小于脉冲编码调制(Pulse Code Modulation,PCM)的信号码元宽度(通常为整数倍),这就使得加了伪随机码的信号频谱远大于原基带的信号频谱,因此,码分多址也称为扩频多址。

码分多址的特点是,网络中所有用户使用同一载波,占用相同的频带,各个用户可以同时发送或接收信号。码分多址通信系统中各个用户发射的信号共同使用整个频带,发射时间又是任意的,各个用户的发射信号在时间上和频率上都可能会互相重叠。因此,采用传统的滤波器或选通门是无法分离信号的,对某用户发送的信号,只有与其相匹配的接收端,通过相关检测器才可能被正确接收。

CDMA 系统是由中国电信集团有限公司(简称中国电信)运行的一种基于码分技术和多址技术的无线通信系统。根据最新的消息,中国电信已明确要求从 2020 年起,所有 5G 终端不允许存在 CDMA 频段和制式,同时要求不允许存在长期演进语音承载(Voice over Long-Term Evolution,VoLTE)开关。这就意味着,在 5G 时代,CDMA 将彻底离开人们的生活。

3. 码分多址的数学模型

在前文中提到,CDMA 的原理是基于扩频技术,下面将对其进行介绍:

假设一个用户 k 的数据:

$$x^{(k)} = [x_1^{(k)}, x_2^{(k)} \cdots, x_N^{(k)}] \in \mathbb{C}^{N \times 1}, k = 1, 2 \cdots, K$$

使用长度为 Q 的扩展码,可以得到:

$$c^{(k)} = [c_1^{(k)}, c_2^{(k)} \cdots, c_Q^{(k)}] \in \mathbb{C}^{Q \times 1}, k = 1, 2 \cdots, K$$

扩频后的信号为：

$$x_{\mathrm{sp}}^{(k)} = C^{(k)} x^{(k)} \in \mathbb{C}^{NQ \times 1}, k = 1, 2 \cdots, K$$

其中

$$C^{(k)} = \begin{bmatrix} c^{(k)} & & & \\ & c^{(k)} & & \\ & & \cdots & \\ & & & c^{(k)} \end{bmatrix} \in \mathbb{C}^{NQ \times N}$$

扩频是对于 $x^{(k)}$ 的每一项乘以 $C^{(k)}$ 的每一项从而得到的一个 $NQ \times 1$ 的数据向量。这种技术的好处在于可以显著提高信号抗干扰能力和频谱利用率。

在一个加性高斯白噪声（Additive White Gaussian Noise，AWGN）信道当中，假设只有一个用户的情况，噪声为 n，对于用户 1，接收到的信号为：

$$y = C^{(1)} x^{(1)} + n$$

由于 AWGN 信道相邻符号没有干扰，假设传递一个符号 $x^{(1)} = [x_1^{(1)}]$，则 $C^{(1)} = [c^{(1)}]$，可得：

$$y = c^{(1)} x_1^{(1)} + n$$

对于 $x_1^{(1)}$ 的最优估计是匹配滤波，得到：

$$\hat{x}_1^{(1)} = c^{(1)H} y = Q x_1^{(1)} + c^{(1)H} n$$

其中，$c^{(1)H}$ 是 $c^{(1)}$ 的共轭转置，所以 $c^{(1)H} c^{(1)} = Q$，这一步由接收到的扩频信号得到发送信号的过程叫解扩。

如果 $x^{(1)}$ 信号的方差为 σ_x^2，噪声 n 的方差为 σ_z^2，接收信号 y 的信噪比为：

$$\gamma_y = \frac{\sigma_x^2}{\sigma_z^2}$$

解调之后信号的方差为 $Q^2 \sigma_x^2$，而噪声的方差为 $Q \sigma_z^2$。这是因为解扩中信号是相干叠加的，而噪声信号是非相干叠加的。解扩后的信噪比为：

$$\frac{Q^2 \sigma_x^2}{Q \sigma_z^2} = Q \gamma_y$$

这样，信噪比就提高了 Q 倍，所以扩频码长度称为扩频增益。由于扩频增益的存在，CDMA 技术中，扩频后的信号可以用很低的信号发出，隐藏在噪声中，不易被发现，保密性非常高。

CDMA 技术采用正交的扩频码来区分用户。假设有两个用户：用户 1 和用户 2。两个用户分别使用正交的扩频码 $c^{(1)}$ 和 $c^{(2)}$，为了计算简便只考虑发送一个符号的情况，由之前的分析可知：

$$y = c^{(1)} x_1^{(1)} + c^{(2)} x_1^{(2)} + n$$

采用匹配滤波算法，则

$$\hat{x}_1^{(1)} = c^{(1)H}y = Qx_1^{(1)} + c^{(1)H}c^{(2)}x_1^{(2)} + c^{(1)H}n$$

由于 $c^{(1)}$ 和 $c^{(2)}$ 正交,所以 $c^{(1)H}c^{(2)} = 0$,干扰项归零。3G 的 3 个标准宽带码分多址(Wideband Code Division Multiple Access,WCDMA),CDMA2000 和时分同步码分多址(Time Division Synchronous Code Division Multiple Access,TD-SCDMA)中都使用了正交码。

2.5 无线网络技术

2.5.1 无线网络概述

无线网络是指无须布线就能实现各种通信设备互联的网络。无线网络技术涵盖的范围很广,既包括允许用户建立远距离无线连接的全球语音和数据网络,也包括为近距离无线连接进行优化的红外线及射频技术。1971 年,夏威夷大学的研究人员创造的第一个基于封包式技术的无线电通信网络成功开始运行,称作 ALOHA 网络,被认为是最早的无线局域网络之一,标志着无线网络的诞生。

1. 开放系统互联模型

开放系统互联(Open Systems Interconnection,OSI)模型,如图 2.54 所示,是一种由国际标准化组织(International for Organization Standardization,ISO)提出的模型,常用来分析和设计网络体系结构。

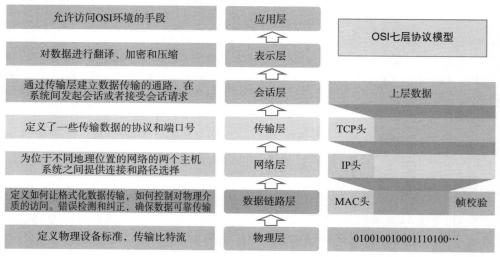

图 2.54　OSI 七层协议模型

OSI 模型将计算机网络体系结构划分为七层,由下到上分别为物理层、数据链路层、网络层、传输层、会话层、表示层和应用层。

(1) 物理层负责把比特流逐个地从一个节点移动到另一个节点。物理层定义了物理设备标准,包括接口和媒体的物理特性、比特的表示、数据传输速率、信号的传输模式(单工、半双工、全双工)以及网络物理拓扑。

(2) 数据链路层提供了介质访问和链路管理。在不可靠的物理链路上,数据链路层提供了可靠的数据传输服务,以帧为单位进行传输,完成了组帧、物理编址、流量控制、差错控制、接入控制几项任务。

(3) 网络层负责寻址和路由选择。网络层为网络设备提供逻辑地址,进行路由选择,维护路由表,在不同网络之间转发数据包。网络层中的互联网协议地址(Internet Protocol Address,IP 地址)对网络设备进行了唯一标识。编址协议包括第 4 版互联网协议(Internet Protocol version 4,IPv4)和第 6 版互联网协议(Internet Protocol version 6,IPv6)。IPv4 是目前最常用的 IP 编址协议。IPv4 地址共 32 位,常用点分十进制表示,例如 192.168.92.4。IP 地址根据网络号和主机号来划分,可分为 A,B,C 三类单播地址以及特殊地址 D,E,如图 2.55 所示。

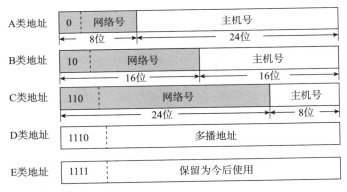

图 2.55　IP 地址分类

A 类地址的范围是 1.0.0.0～126.0.0.0,一般用于大型网络;B 类地址的范围涵盖了 128.0.0.0～191.255.0.0 区间,一般用于中等规模网络;C 类地址的范围是 192.0.0.0～223.255.255.0,一般用于小型网络;D 类地址一般用于多路广播用户;而 E 类是保留地址,保留为今后使用。

(4) 传输层负责建立主机端到端的连接。传输层定义了传输数据的协议和端口号,负责端到端之间传输报文。传输层的功能包括:服务点编址、分段与重组、连接控制、流量控制和差错控制。

(5) 会话层负责建立、管理和终止表示层实体之间的会话连接,在设备或节点之间提供会话控制。会话层在系统之间对通信过程进行协调,并提供三种不同的方式来组织它们之间的通信,即单工、半双工和全双工。

（6）表示层处理数据的格式,对数据进行编码和解码、加密和解密、压缩和解压缩等。

（7）应用层为应用软件提供接口,使应用程序能够使用网络服务。

通过将计算机网络体系结构分层,可以把网络结构更清晰地展示出来,以便于分析。同时,分层的模块化设计思想,使得网络中的每一层相对独立,各层可以根据需要独立地进行功能的修改或扩充,层内业务对其他业务不再透明,方便了系统的设计、维护和更新。

2. 传输控制协议

传输控制协议（Transmission Control Protocol, TCP）是一种面向连接的、可靠的、基于字节流的传输层通信协议。

TCP 通过以下机制实现传输的可靠性:

（1）数据分片:在发送端对用户数据进行分片,在接收端对用户数据进行重组,由 TCP 确定分片的大小并控制分片和重组。

（2）到达确认:接收端接收到分片数据时,根据分片数据序号向发送端发送一个确认信号。

（3）超时重发:发送端在发送分片时启动超时定时器,如果在定时器超时之后没有收到相应的确认信号,则重发分片。

（4）滑动窗口:TCP 连接的每一方的接收端缓冲区的大小都是固定的,接收端只允许发送端发送接收端缓冲区所能接纳的数据,TCP 在滑动窗口的基础上提供流量控制,防止较快主机致使较慢主机的缓冲区溢出。

（5）失序处理:数据分片到达时可能会发生顺序错误,TCP 对收到的数据进行重新排序,再将收到的数据以正确的顺序交给应用层。

（6）重复处理:数据分片可能会发生重复,那么 TCP 的接收端会丢弃重复的数据。

（7）数据校验:TCP 采用首部检验和,检测数据在传输过程中的任何变化。如果收到分片的检验和有差错,TCP 将丢弃这个分片,并不确认收到此报文段,导致发送端超时并重发。

在 TCP 中,建立连接需要"三次握手",而断开连接需要"四次挥手",客户端和服务器端的工作情况如图 2.56 所示。

握手之前客户端主动打开,服务器端被动打开并进入监听（LISTEN）状态,之后开始"三次握手"。

（1）首先客户端向服务器端发送一段 TCP 报文请求建立新连接,标记位为 SYN,序号为 seq = x,然后进入请求连接（SYN_SENT）状态。

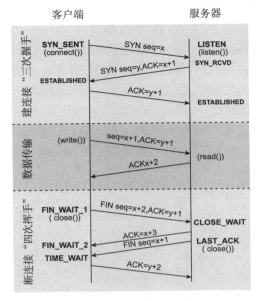

图 2.56　TCP 协议示意

（2）服务器端接收到来自客户端的 TCP 报文之后，结束 LISTEN 状态，并返回一段 TCP 报文，表示"确认客户端的报文 seq 序号有效，服务器能正常接收客户端发送的数据，并同意创建新连接"，标志位为 SYN 和 ACK，序号为 seq = y，确认号为 ACK = x + 1，然后进入收到连接请求（SYN_RCVD）状态。

（3）客户端接收到来自服务器端的报文后，结束 SYN_SENT 状态并返回最后一段 TCP 报文，确认收到服务器端同意连接的信号，标志位为 ACK，确认号为 ACK = y + 1，然后客户端进入建立连接（ESTABLISHED）状态。

（4）服务器端收到来自客户端的"确认收到服务器数据"的 TCP 报文之后，进入 ESTABLISHED 状态。

三次握手完成之后，客户端和服务器端开始进行数据传输。数据传输完成后，客户端和服务器端断开连接采用"四次挥手"过程。

（1）首先客户端发送一段 TCP 报文，请求释放连接，标记位为 FIN，随后客户端进入半关闭（FIN_WAIT_1）状态，停止在客户端到服务器端方向上发送数据，但是客户端仍然能接收从服务器端传输过来的数据。

（2）服务器端接收到释放连接的请求之后，进入 CLOSE_WAIT 状态，并返回一段确认报文，之后开始准备释放服务器端到客户端方向上的连接。

（3）客户端收到从服务器端发出的确认报文之后，进入 FIN_WAIT_2 状态。

（4）服务器端做好释放连接的准备后，再次向客户端发出一段 TCP 报文，标记位为 FIN 和 ACK,表示已经准备好释放连接,然后进入 LAST_ACK 状态,停止在服务器端到客户端的方向上发送数据,但仍然能接收从客户端传输过来的数据。

(5) 客户端收到此报文,进入 TIME_WAIT 状态,并向服务器端发送一段确认报文。发送后,客户端等待一段时间后关闭,服务器端则在接收到客户端的最后一条确认报文后关闭。

3. TCP/IP 协议模型

与用于理论研究的 OSI 模型不同,TCP/IP 协议模型多用于实际协议的开发。TCP/IP 协议模型分为四层,如图 2.57 所示,从下到上依次为:数据链路层、网络层、传输层和应用层。

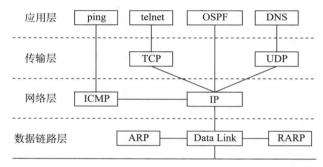

图 2.57 TCP/IP 协议模型

TCP/IP 四层协议模型中的数据链路层负责处理数据在物理媒介上的传输(对应 OSI 模型中的物理层和数据链路层),常用的协议是地址解析协议(Address Resolution Protocol,ARP)和反向地址解析协议(Reverse Address Resolution Protocol,RARP)。

网络层实现了数据包的路由选择和转发(对应 OSI 模型中的网络层)。网络层最重要的协议是 IP 协议(网际协议)。IP 协议根据数据包的目的 IP 地址决定如何投递它。因特网控制消息协议(Internet Control Message Protocol,ICMP)负责检测网络连接。

传输层为两台主机上的应用程序提供端到端的通信(对应 OSI 模型中的传输层)。其中最常用的是 TCP 协议和用户数据报协议(User Datagram Protocol,UDP)。TCP 能够为应用层提供可靠的传输,而 UDP 提供的传输并不是可靠的。

应用层直接为应用程序提供服务(对应 OSI 模型中的会话层、表示层和应用层),处理不同的逻辑,如文件传输、网络管理等。其中常用的 ping 是应用程序,可以用来调试网络环境;远程登录(telnet)协议使用户能在本地完成远程任务;开放最短路径优先(Open Shortest Path First,OSPF)协议是一种动态路由更新协议,用于路由器之间的通信;域名服务(Domain Name Service,DNS)协议提供机器域名到 IP 地址的转换。

2.5.2　无线局域网

无线局域网(Wireless Local Area Network,WLAN)是无线通信的主流技术之一,具有带宽高、成本低、部署方便等优点。无线局域网主要用于家庭宽带、大楼内部等场景,目前主要采用 IEEE 802.11 系列标准。

1. IEEE 802.11 系列标准

IEEE 802.11 系列标准主要包括下面这些标准:

(1) IEEE 802.11b(1999 年)。

① 工作在 2.4 GHz 频段;

② 速率达 11 Mbps;

③ 直接序列扩频(Direct Sequence Spread Spectrum,DSSS)技术;

④ 补码键控(Complementary Code Keying,CCK)技术。

(2) IEEE 802.11a(1999 年)。

① 工作在 5 GHz 频段;

② 速率达 54 Mbps。

(3) IEEE 802.11g(2003 年)。

① 工作在 2.4 GHz 频段;

② 速率达 54 Mbps。

(4) IEEE 802.11n(2009 年)。

① 工作在 2.4 GHz 频段和 5 GHz 频段;

② 速率理论值达 300 Mbps;

③ 支持多输入多输出(Multiple-Input Multiple-Output,MIMO),空分复用(Space Division Multiplexing,SDM),空时分组编码(Space-Time Block Coding,STBC),发射波束赋形(Transmit Beamforming,TxBF)等技术。

2. 无线局域网的常用设备

无线局域网的常用设备主要包括无线网卡、无线接入点、无线网桥和天线等。

无线网卡:用于提供网络接口,将计算机接入无线网络,如图 2.58。

图 2.58　无线网卡

　　无线接入点:也称为无线 AP(Access Point,AP),是无线局域网中负责数据发送和接收的集中设备,相当于有线网络中的集线器,如图 2.59 所示。

图 2.59　无线 AP

　　无线网桥:用于无线或有线局域网之间的互联。当两个局域网难以进行有线连接时,就可以使用无线网桥进行点对点的无线连接,如图 2.60 所示。

图 2.60　室外无线网桥

　　天线:可以将信号源发出的信号传到远处,能够延伸无线网络的传输距离,如图 2.61 所示。

图 2.61　室外栅格天线

3. 无线局域网的组网模式

无线局域网的组网模式可以分为对等网络和基础结构网络两种。

对等网络(Peer-to-Peer Network,P2P),是一种没有中心节点的网络,如图 2.62 所示。一个对等网络由一组无线网络接口的计算机组成。只要两个或以上的无线网络接口在彼此的通信范围内,它们就可以组成一个对等网络。在这个网络中的节点既是资源、服务和内容的提供者,又是资源、服务和内容的获取者。

由于对等网络在用户数量多的时候的性能较差,因此在需要建立一个多用户使用的稳定的无线网络环境时,一般采用基础结构网络模式,即以一个无线 AP 为中心,为其覆盖区域内的用户提供网络连接。

在基础结构网络模式下,无线 AP 相当于基站。这种网络模式拥有固定基础设施下的基本服务集(Basic Service Set,BSS),用于描述在一个 WLAN 中的一组相互通信的移动设备。

BSS 主要包括无线 AP 和若干无线主机,如图 2.63 所示。特殊地,在点对点(Ad Hoc)模式下 BSS 系统中仅有主机。这一般是少数几个工作站为了特定目的而组成的暂时性网络。

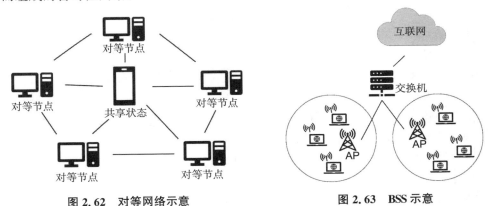

图 2.62　对等网络示意　　　　　　图 2.63　BSS 示意

2.5.3　无线传感器网络

无线传感器网络(Wireless Sensor Network,WSN)是由大量的静止或移动的传感器以自组织和多跳的方式构成的无线网络,其目的是协作地感知、采集、处理和传输网络覆盖区域内被感知对象的信息,并把这些信息发送给网络的所有者,如图 2.64 所示。无线传感器网络的特点包括:大规模网络、自组织网络、动态性网络、可靠的网络、应用相关的网络和以数据为中心的网络。

现有的无线传感器网络的操作系统有 TinyOS,MANTIS OS,SOS,Contiki 等等。其中,TinyOS 应用较为广泛,现已成为无线传感器网络的标准平台。

无线传感器网络通常包括传感器节点、汇聚节点和管理节点。传感器节点部署在监测区域内或附近,一般通过自组织方式构成网络。传感器节点监测的数据沿着其他传感器节点逐跳地进行传输,在传输过程中监测数据可能被多个节点处理,经过多跳路由到汇聚节点,最后通过互联网或卫星到达管理节点。用户通过管理节点对传感器网络进行配置和管理,发布监测任务以及收集监测数据。

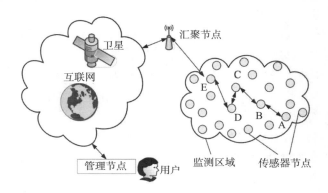

图 2.64　WSN 示意

传感器节点主要由传感器模块、处理器模块、无线通信模块和能量供应模块组成。传感器模块负责监测区域内信息的采集和数据转换;处理器模块负责控制整个传感器节点的操作,存储和处理自身采集的数据以及其他节点发来的数据;无线通信模块负责与其他传感器节点进行无线通信,交换信息并采集数据;能量供应模块为传感器节点提供运行所需的能量。

传统的无线传感器网络是通过 Ad Hoc 互联形成的"无中心"的、"自组织"的网络,这和传感器网络初期用于军事用途(战场监控)有关。无线传感器网络的建立分为四步:部署、唤醒和自检测、自动识别和自组网、建立路由和开始通信,如图 2.65 所示。

传统的 WSN 是针对最原始、最恶劣的部署环境和特殊的用途设计的,即假设 WSN 完全处于"孤立无援"的陌生环境中。但是在常规的 M2M 应用场景,这种"无中心"的自组织网络必然是低效率的,因此需要在 WSN 中引入"中心控制"的概念,如图 2.66 所示,即附近的若干个 WSN 节点形成一个"簇",簇内各节点的信息汇聚到某一个节点,也就是"簇头",再通过簇头向上传送簇内收集到的信息。

然而,只靠 WSN 很难形成"无所不在"的覆盖。随着 WSN 层数的增多,传输延迟增大,很难处理实时监控信息;高层簇头的功耗和传输负载急剧增大,成本提高,电池寿命也会缩短。因此,必须实现尽可能扁平的网络架构,减少层数,增加

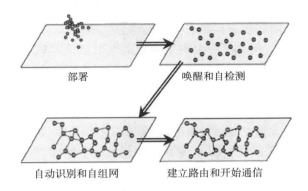

图 2.65　无线传感器网络的建立步骤

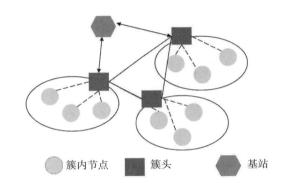

图 2.66　无线传感器网络的分层结构示意

WSN 网关(sink),缩小每个网关负担的范围,达到降低时延、平衡负载、降低成本、简化路由的目的。可以把 WSN 与蜂窝系统、M2M 网络和宽带系统结合起来,以实现 WSN 的扁平化。

2.5.4　无线自组织网络

无线自组织网络是由若干个无线终端构成的临时的、无中心的网络。无线自组织网络中的节点不需要基础设施的支持,而是通过自组织的方式形成多跳的无线网络。典型的无线自组织网络包括移动 Ad Hoc 网络、无线传感器网络等。

与传统的通信网络相比,无线自组织网络具有以下特点:

(1) 无中心。无线自组织网络没有严格的控制中心,所有节点的地位是平等的。节点可以随时加入和离开网络。节点的故障不会影响整个网络的运行,具有很强的抗毁性。

（2）自组织。无线自组织网络可以在任何时刻、任何地点不需要现有基础网络设施的支持，就能够快速构建起一个移动通信网络。

（3）多跳路由。无线自组织网络中的每个节点既可以是终端，也可以是服务器，又可以充当路由器。

（4）动态的网络拓扑结构。在无线自组织网络中，节点可能在网络中以任何速度和方向不断移动，节点间通过无线信道形成的网络拓扑结构随时可能发生变化，而且变化的方式和速度都是不可预测的，这对路由协议提出了更高的要求。

（5）临时性。无线自组织网络一般是专为某个特殊目的而建立的，如战场通信、野外救援等。

（6）无线传输带宽有限。无线自组织网络中竞争共享无线信道产生的碰撞、信号衰落、噪声干扰和信道间干扰等因素，限制了传输带宽。

1. 移动 Ad Hoc 网络

移动 Ad Hoc 网络（Mobile Ad Hoc Network，MANET）是一种典型的无线自组织网络，由一组移动通信设备经过无线通信链路连接构成。该网络模型没有固定的基础设施，每个节点都是移动的。所有节点在网络控制、路由选择和流量管理上是平等的，它们不仅是普通节点，同时又是路由器，能够以任意方式动态地保持与其他节点的联系，实现发现及维持到其他节点路由的功能；源节点和目的节点之间存在多条路径，可以较好地实现负载均衡和最优路由的选择。

移动 Ad Hoc 网络中的每两个节点都兼有路由器和主机的功能，它的特点主要有：

（1）移动性与网络拓扑动态性：移动 Ad Hoc 网络节点可以自由地任意移动，再加上无线发射装置发送功率的变化、环境的影响以及无线信道间的互相干扰等因素致使网络拓扑可以随机、迅速、不可预测的变化。

（2）有限的带宽：无线信道产生的碰撞、信号衰减、噪声干扰以及信道间干扰等因素，使移动主机可得到的实际带宽远远小于理论上的最大带宽。

（3）分布式控制网络：移动 Ad Hoc 网络中各节点均兼有独立路由和主机功能，不需要网络中心控制点，各节点之间的地位是平等的，网络路由协议通常采用分布式控制方式，因此比采用集中式控制方式的网络具有更强的鲁棒性和抗毁性。

（4）安全性差：移动 Ad Hoc 网络的节点间的通信由于采用无线信道、有限电源、分布式控制技术和方式，使传输的信息非常容易受到监听、重发、篡改、伪造等各种攻击，若路由协议遭受到上述恶意攻击，那么整个移动 Ad Hoc 网络将无法正常工作。

2. 蓝牙技术

蓝牙技术是生活中常见的一种可用于无线自组织网络的技术，支持设备的近距离无线传输,于 1998 年 5 月由东芝公司、爱立信公司、国际商业机器公司(IBM)、英特尔(Intel)和诺基亚公司共同提出。蓝牙技术支持手机、笔记本电脑、数码相机、无线耳机等众多设备之间的无线信息传输,如图 2.67 所示。目前的蓝牙技术标准为 IEEE 802.15.1。

图 2.67　常用的蓝牙耳机

蓝牙技术的特点包括:功耗低,便于电池供电设备工作;价格低,可以应用到低成本设备上;可以同时管理数据和语音传输;采用调频展频技术,抗干扰性强;全球范围适用。

除了以上这些优点,蓝牙也有传输距离和传输速度有限的劣势。总体而言,蓝牙技术在近距离数据传输中具有较大的优势,在蓬勃发展的物联网领域中能够起到关键作用。

习　　题

1. 请简述麦克斯韦方程组及其含义。

2. 根据图 2.37 中的(2,1,3)卷积码编码器,假定输入序列变为 10010,求对应的输出序列。

3. 简述交织、去交织的原理及作用。

4. 下列码字代表八个字符:

0000000 1000111 0101011 0011101 1101100 1011010 0110110 1110001

找出其最小的汉明距离 $d_{\min}$,并说明该组码字的检错和纠错能力。

5. 阐述 OSI 模型与 TCP/IP 协议之间的联系。

6. TCP 协议中用了哪些机制来确保传输的可靠性? 试着举几个实例对这些机制进行解释。

第 3 章　移动通信系统

在移动通信系统中,G 就是 Generation,是"代"的意思。1G、2G、3G、4G 包括现在火热的 5G,表示了目前公认的几代移动通信技术的发展。当下,围绕 5G 展开的话题已经数不胜数,新鲜名词扑面而来:自动驾驶、智慧城市、智能家居、物联网、边缘计算等等。这一章将逐个介绍 1G、2G 和 3G。4G 和 5G 的关键技术及应用将在接下来两章更详细地讲解。

3.1　蜂窝移动网

蜂窝移动通信(Cellular Mobile Communication)采用蜂窝无线组网,通过无线的方式连接终端和网络设备,进而实现了终端之间的相互通信。

在最初的移动网络中,基站使用大功率发射机,信号可以覆盖大范围区域,但是由于可用带宽有限,用户数量受限;由于频谱有限,无法通过增加新的信道来提高用户数量。例如 20 世纪 70 年代美国的贝尔移动系统,为了避免干扰,在 100 m² 范围内只能支持最多 12 个用户同时通话。

人们开始探索更加高效的无线通信方式,于是 20 世纪 80 年代,蜂窝移动通信应运而生。

在蜂窝移动通信系统中,人们开始尝试用几个低功率发射机代替大功率发射机,覆盖更小的小区(cell)。在蜂窝移动通信系统中,为每个小区分配一组频率,为了避免干扰,相邻的小区会分配不同的频率。而基于信号功率随距离增加而衰减的原理,相隔较远的小区之间的相互干扰极小,所以可以分配相同的频率。如图 3.1 所示,相同字母的蜂窝采用了相同的频率。这样,在不同空间上使用同样的频率就达到了频率复用的目的。在蜂窝移动通信系统中,几个小区可以覆盖一个比原来更大的地理区域,同时还能增加系统容量,并且能用固定的带宽支持任意数量的用户。

蜂窝移动通信技术引领了现代移动通信系统的变革,现代的无线通信系统,从 1G 到 5G 都是基于蜂窝移动通信相关原理发展演变而来的。

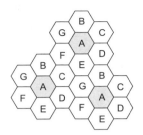

图 3.1　小区分配示意

3.2　第一代移动通信(1G:模拟语音技术)

3.2.1　1G 的发展历程

1G 指的是第一代移动通信技术,是最初的仅限语音的蜂窝电话标准,采用的是模拟信号传输,即先将电磁波进行频率调制,再将语音信息转换到载波电磁波上。载有语音信息的电磁波发布到空间后,由接收设备接收,并从电磁波上还原语音信息,即完成一次通话。

1978 年,第一代移动通信技术由美国贝尔实验室研发。1983 年开始商用,代表公司是美国的摩托罗拉。随着第一代移动通信技术的发展,20 世纪 90 年代前后诞生的摩托罗拉电话机"大哥大"风靡一时,逐渐成为"当红明星",作为新时代的科技产物,摩托罗拉电话机便捷的通信功能基本满足了人们实时通信的需求,吸引了当时很多年轻消费者的眼球,如图 3.2 所示。

图 3.2　摩托罗拉电话机

1987年11月18日,我国的第一代模拟移动通信系统在广东举办的第六届全运会上开通并正式商用。在2001年12月底中国移动关闭了模拟移动通信网,1G系统在中国的应用长达14年,用户数最高达到了660万。

3.2.2 关键技术

在第一代移动通信系统中主要用到了频分多址技术和频率复用技术。

频分多址(FDMA)技术,就是把总带宽分隔成多个正交的信道,每个用户占用一个信道,每一个信道每一次只能分配给一个用户。如图3.3所示。

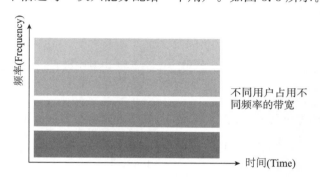

图 3.3 FDMA 示意

FDMA技术的主要特点有:

(1)一个FDMA信道每次只能传输一个电话。

(2)由于符号时间远远大于平均延迟扩展,所以码间干扰少,不需要自适应均衡。

(3)基站设计复杂,体积庞大。由于需要重复设置收发信设备,所以容易产生信道间的相互干扰。

(4)越区切换较为复杂和困难。

(5)由于FDMA系统每个载波单个信道的设计,为了限制邻近信道间的相互干扰,在接收信号的时候,除了指定信道的信号,其他信道的信号都将被带通滤波器滤除。频分复用(FDM)技术就是在一定的距离之外,共信道干扰低于一定门限值的条件下,重复使用某一频率,从而最大效率的利用蜂窝系统的频谱资源,大大提高系统的容量。将可供使用的无线频谱分成若干频率,并将若干相邻的小区组成一个区群(簇)。区群内的各个小区使用不同的频率组,这样每个区群就能使用所提供的全部无线频谱。对于一个蜂窝系统来说,频分复用因子越大则频率资源的利用率就越高。

3.2.3 技术标准

第一代移动通信系统引入了蜂窝的概念,实现了频谱资源的空分复用,且采用频分多址接入(FDMA)技术,不同用户通信时占用不同的频谱资源,通信容量大大提高,无线通信从构想变为现实。

1G 时代不同国家和地区有不同的蜂窝移动通信标准,欧洲国家常用的是北欧移动电话(Nordic Mobile Telephone,NMT)标准、美国使用的是高级移动电话系统(Advanced Mobile Phone System,AMPS)标准、英国使用全接入通信系统(Total Access Communication System,TACS)、法国使用 Radiocom 2000、联邦德国使用 C-Netz 标准等等。NMT、AMPS、TACS 三种标准的对比如表 3-1 所示。

表 3.1 模拟蜂窝系统对比

系统名称		AMPS	TACS	NMT-450	NMT-900
频段/MHz	基站发射	870~890	935~960	463~467.5	935~960
	移动台发射	825~845	890~915	453~457.5	890~915
频道间隔/kHz		30	25	25	12.5
收发频率间隔/MHz		45	45	10	45
基站发射功率/W		100	100	50	100
移动台发射功率/W		3	7	15	6
小区半径/km		2~20	2~20	1~40	0.5~20
区群小区/N		7/12	7/12	7/12	9/12
话音	调制方式	FM	FM	FM	FM
	频偏/kHz	±12	±9.5	±5	±5
信令	调制方式	FSK	FSK	FSK	FSK
	频偏/kHz	±8.0	±6.4	±3.5	±3.5
	速率/(kb/s)	10	8	1.2	1.2
纠错编码	基站发射	BCH(40.28)	BCH(40.28)	卷积码	卷积码
	移动台发射	BCH(40.36)	BCH(40.36)	卷积码	卷积码

AMPS 是北美标准,主要应用于北美、澳大利亚、巴基斯坦等地区。AMPS 由美国电子工业协会(Electronics Industries Association,EIA)制定于 20 世纪 80 年代初。AMPS 共有 832 个信道,工作在 824~894 MHz 频段,频道间隔为 30 kHz。AMPS 只规定了空间接口标准,而把交换系统的设计留给制造厂家。这种处理方法的好处是可以降低成本、改进工艺。制造厂家可以基于这种标准开发"标准的"

高性能交换系统,应用于采用不同空间接口标准的移动网络。

NMT 标准主要应用于北欧、东欧国家以及俄罗斯、部分中东国家以及泰国。20 世纪 70 年代后期,丹麦、芬兰、挪威和瑞典的电信主管部门制定了第一个 NMT 标准 NMT-450。NMT-450 共有 180 个信道,工作在 420～480 MHz 频段,频道间隔为 25 kHz。1986 年,由于业务量增长,北欧电信主管部门制定了第二个 NMT 标准 NMT-900,这个标准有 1 999 个信道,工作在 890～960 MHz 频段,频道间隔为 12.5 kHz。NMT 标准对交换接口和空间接口都做了规定,相比于 AMPS 标准,灵活性较低。

TACS 标准制定于 1985 年,主要应用于欧洲部分国家、东南亚国家和中国。TACS 属于 2G 时代,采用了大频偏调频(Frequency Modulation,FM)系统,具有较高的邻道干扰抑制能力和话音质量。它提供了 1 320 个信道,工作在 890～960 MHz 频段,频道间隔为 25 kHz。后来由于容量不足,又开放了额外的信道 E-TACS(扩充 TACS),可以再提供 1 240 个信道,工作在 872～950 MHz 频段。和 AMPS 相同的是,TACS 也只规定了空间接口而没有规定交换接口。相比于 AMPS,TACS 采用较窄的信道间隔,增大了网络容量,并且不用受困于区域限制,可以实现全国覆盖。

尽管第一代移动通信技术具有诸多优点,然而相比于数字移动通信,1G 在设计上仍然存在诸多限制:只能传输语音流量,且通话质量一般;全球各地区标准太多、互不兼容,无法实现横贯大陆的漫游;很难实现保密;网速受限(最高网速只有 2.4 kbps);网络容量受限;不能提供数据业务。随着用户数量的增长,模拟移动通信开始不堪重负,第二代移动通信技术(2G)应运而生。

3.3 第二代移动通信(2G:短信、彩信时代)

3.3.1 2G 的发展历程

2G 即第二代移动通信技术,以数字语音传输技术为核心。

1982 年,移动通信特别小组(Group Special Mobile)开始着手欧洲数字蜂窝标准相关研究。1991 年,欧盟制定的第二代移动通信标准,全球移动通信系统(GSM)开始投入使用,随后不久,美国高通也发布了其第二代移动通信的技术方案 IS-95。仅仅 10 年,摩托罗拉便从霸主地位上掉下来,而新的主导者是能够提供 2G 服务的诺基亚公司,如图 3.4 所示。20 世纪 90 年代初,我国引进了 GSM 并商用。

　　2G 采用的是数字调制技术,比起 1G 多了数据传输的服务。2G 手机不仅仅能接打电话,还能收发短信息。短信成了 2G 时代时髦的交流方式。彩信、手机报、壁纸和铃声的在线下载也成为热门业务。1G 使用的是模拟电路,而 2G 是数字电路。在数字电路的应用下,一个小小的芯片就能够替代模拟电路的几十个芯片。因此 2G 时代的手机变得更小,更加便携了。

　　在语音通话和短信传输上,2G 性能更加成熟,语音质量和保密性得到了很大的提高,且可以进行省内和省际的自动漫游;同时,手机也变得小巧精致,手机逐渐加入了 MP3、MP4、拍照和游戏等功能。

图 3.4　诺基亚手机

3.3.2　2G 的关键技术

　　2G 的关键技术包括 TDMA 和 CDMA 技术。

　　时分多址(TDMA)是一种可以实现共享传输介质或者网络的通信技术。这种技术将传输时间分成了互不重叠的时间片(时隙),一个时间片称为一帧。每个信道对应一个时间片,各时间片的宽度可以不同,用时间选择(时间门)方法分离信道[8]。根据业务类型,用户可占据一个或多个信道。这种技术允许多个用户在不同的时间片来使用相同的频率,从而允许多用户共享同样的传输媒体。如图 3.5 所示。

　　TDMA 技术包含以下特点:

　　(1) 多个用户共享一个载波频率,频率利用率高,系统容量大。

　　(2) 非连续传输,使越区切换更简单。

　　(3) 时间插槽可以根据动态 TDMA 的需求分配。

　　(4) 由于信元间干扰较小,TDMA 拥有比 CDMA 更宽松的功率控制。

　　(5) 同步开销高于 CDMA。

　　(6) 抗干扰能力强。

　　(7) 基站复杂性较小。

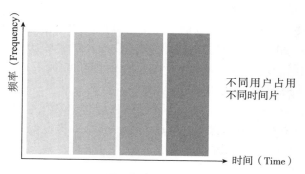

图 3.5　TDMA 示意

码分多址（Code Division Multiple Access，CDMA）技术最早是由美国高通公司推出的，并很快得到了迅速发展，在我国，CDMA 无线网络是中国联通力推的一个网络。

CDMA 技术基于扩频技术，即将需要传送的那些具有一定信号带宽的信息数据，用一个带宽远大于信号带宽的高速伪随机码进行调制，从而使原数据信号的带宽被扩展，再经载波调制并发送出去。接收端则使用完全相同的高速伪随机码，对接收的带宽信号作解扩处理，把宽带信号转换成原信息数据的窄带信号解扩，以实现信息通信，如图 3.6 所示。

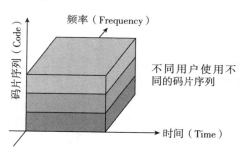

图 3.6　CDMA 示意

CDMA 技术的迅速发展，除了市场等方面的因素外，其技术本身的优势也起着决定性的作用，其优势主要体现在以下几方面：

（1）扩频通信。由于 CDMA 属于扩频通信的一种，所以它的抗干扰性强，能够实现宽带传输，也具有很好的抗衰落能力。并且在信道中传输的有用信号功率比干扰信号的功率低，因此能够将信号很好地隐藏在噪声中，保密性较好。

（2）采用了多种分集方式。除了传统的空间分集外，同时在移动台和基站采用了 RAKE 接收技术，相当于时间分集的作用。

（3）采用语音激活技术和扇区化技术。因为 CDMA 系统的容量直接与所受的干扰有关,采用话音激活技术和扇区化技术可以减少干扰,使整个系统的容量增大。

（4）采用了移动台辅助的软切换。能够实现无缝切换,保证了通话的连续性。处于切换区的移动台通过分集接收多个基站的信号,减低自身的发射功率,从而减少了对周围基站的干扰。

（5）兼容性好。由于 CDMA 的带宽很大,功率分布在广阔的频谱上,因此对窄带模拟系统来说,干扰很小,两者的兼容性好。

通用分组无线业务(General Packet Radio Service,GPRS)的 2G 最大速率是50 kbps,虽然比 1G 快了不少,但是仍然不能完全满足人们的需求。

3.3.3 技术标准

2G 基本可被分为两类,一类是基于 TDMA 技术,包括欧洲的 GSM 标准、美国的集成数字增强型网络(Integrated Digital Enhanced Network,iDEN)标准和 IS-136 标准、日本的个人数字蜂窝(Personal Digital Cellular,PDC)标准等等,其中以 GSM 为代表,另一类则是基于 CDMA 技术,例如 IS-95 标准。

1. GSM 标准

全球移动通信系统(GSM)是完全依据欧洲电信标准学会(European Telecommunication Standards Institute,ETSI)制定的 GSM 技术规范研制而成的,任何一家厂商提供的 GSM 都必须符合 GSM 技术规范,GSM 是一种全球化的技术标准。

（1）GSM 关键技术。技术上,GSM 使用了 TDMA 技术和 FDMA 技术混合的方式。

在 FDMA 技术中,25 MHz 的频带被分成 125 个载波频带,载波频带之间间隔为 200 Hz,载波频带的中心载频称为频点,由于最后一个频点需要作为与其他通信系统的隔离带,所以实际用到的载波频带为 124 个。在 TDMA 技术中,每个频带按照 0.577 ms 的时隙进行分割,8 时隙为 1 帧,如图 3.7 所示。

从蜂窝结构来看,GSM 将总覆盖区域划分为多个小区,每个小区中只有一部分信道可用。GSM 依赖于并发的概念,通过信道复用传输信号,例如在不同的小区中复用同一个信道。

在 GSM 中,所有信道被划分为多个集合,一般将相同的集合分配给两个在地理上足够远的小区,使得干扰达到最小,增加容量。这个足够远的距离是由下面公式给出的:

$$D = R\sqrt{3N}$$

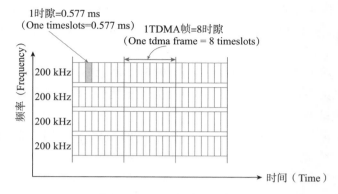

图 3.7　GSM 多址通信方式

其中,D 表示复用距离,R 表示小区半径,N 表示一簇里面的小区数。

此外,在 GSM 中,还有一些问题值得关注,比如多址接入和小区间干扰管理。

(2) GSM 框架。GSM 主要由移动台、基站子系统和移动交换中心组成,如图 3.8 所示。

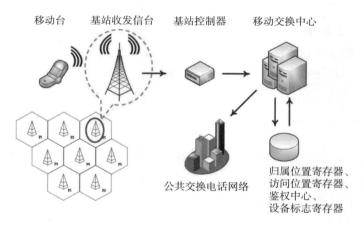

图 3.8　GSM 框架

移动台(Mobile Station, MS)由用户标志模块(Subscriber Identify Module, SIM)和机身组成,如图 3.9 所示。SIM 卡上包含所有与用户有关的无限接口的相关信息以及鉴权和加密实现的信息;机身包括手持移动电话、车载台等等。

基站子系统由基站收发信台(Base Transceiver Station, BTS)和基站控制器(Base Station Controller, BSC)构成,如图 3.10 所示。

BTS 一般包括无线发射/接收设备、天线和所有无线接口特有的信号处理部

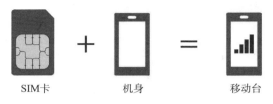

SIM卡　　　　机身　　　　移动台

图 3.9　移动台

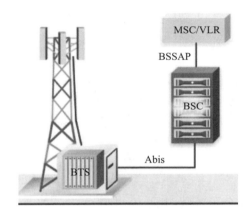

图 3.10　基站子系统框架

分,功能主要包括:

①　为 MS 提供空中接口,处理与 MS 的所有通信。

②　为 BSC 提供接口。

③　管理无线信道。

④　信令协议功能。

⑤　操作维护功能。

BSC 是基站子系统的控制和管理部分,负责完成无线网络、无线资源的管理和无线基站的监视管理;控制 MS 与 BTS 无线连接的建立、持续和拆除等操作。BSC的主要功能包括:

①　控制 BTS,一个 BSC 最多可以控制几百个 BTS,取决于制造商。

②　管理无线信道,分配和释放信道资源。

③　物理距离可变。

④　协调小区切换。

⑤　为 Abis 提供接口,Abis 处在 BSC 和 BTS 之间。

移动交换中心(Mobile Switching Center,MSC)是 GSM 网络的核心,GSM 网

络必须拥有至少一个 MSC。其主要功能包括：

① 执行所有切换/交换功能。

② 处理登记、认证、位置更新等功能。

③ 直接提供或者通过关口移动交换中心（Gateway Mobile Switching Center，GMSC）提供与公共数据网（Public Data Network，PDN）、公用电话交换网（Public Switched Telephone Network，PSTN）、综合业务数字网（Integrated Services Digital Network，ISDN）等固定网的接口功能，从而实现移动用户之间、移动用户与固定网用户之间的通信。MSC 从 GSM 的三个数据库，即漫游位置寄存器（Visitor Location Register，VLR）、鉴权中心（Authentication Center，AUC）和归属位置寄存器（Home Location Register，HLR）中获取用户位置登记和呼叫请求所需的全部数据。通过将国际移动设备标志（International Mobile Equipment Identity，IMEI）与设备标识寄存器（Equipment Identity Register，EIR）中的信息对比，把结果发送给 MSC/VLR，从而获知设备是否被盗，以便 MSC/VLR 决定是否允许该 MS 设备进入网络，保护客户设备安全。

（3）GSM 的主要特点。GSM 作为一种开放式结构和面向未来设计的系统，主要具有以下特点：

① GSM 是由几个子系统组成的，并且可与各种公用通信网（PSTN、ISDN、PDN 等）互联互通。各子系统之间或各子系统与各种公用通信网之间都明确和详细定义了标准化接口规范，保证任何厂商提供的 GSM 或其子系统能够互联。

② GSM 能提供穿过国际边界的自动漫游功能，所有 GSM 移动用户都可进入 GSM 系统而与国别无关。

③ GSM 除了可以开放语音业务，还可以开放各种承载业务、补充业务和与 ISDN 相关的业务。

④ GSM 具有加密和鉴权功能，能确保为用户保密和网络安全。

⑤ GSM 具有灵活和方便的组网结构，频率重复利用率高，移动业务交换机的话务承载能力一般都很强，保证在话音和数据通信两个方面都能满足用户对大容量、高密度业务的要求。

⑥ GSM 抗干扰能力强，覆盖区域内的通信质量高。

⑦ 随着大规模集成电路技术的进一步发展，用户终端设备（手持机和车载机）向更小型、更轻巧和功能更强的趋势发展。

2. CDMA 标准

Interim Standard 95（IS-95），也叫 TIA-EIA-95，是由美国高通公司发起的一个基于 CDMA 的数字蜂窝标准。基于 IS-95 的第一个品牌是 cdmaOne。这项标准的发布主要是为了开发一个系统容量更大、功能和服务更加齐全的新的移动通信系统以代替老旧的高级移动电话系统（Advanced Mobile Phone System，AMPS）。

（1）IS-95 历史演进。第二代移动通信 IS-95 主要应用于 20 世纪 90 年代末期和 21 世纪初期。

1989 年，高通公司提出了 CDMA 移动蜂窝网络系统，声称其信道容量和以前相比可以增加 20 倍。

1991 年，美国通信工业协会（Telecommunications Industry Association，TIA）开始研究扩频蜂窝网络技术。

1993 年，TIA 的 IS-95 CDMA 标准完成。

1995 年，订正了新一版的标准 IS-95A。

1996 年，美国开始对其进行商业部署。

1997 年，IS-95 更名为 cdmaOne。

2000 年，CDMA 2000 发布，IS-95 向 2.5G 和 3G 演进。

IS-95 是第一个获得广泛使用的 CDMA 电话系统。在 2G 时代，IS-95 被广泛部署于北美、亚太等地区，在南美、非洲和中东以及东欧也有部分网络。2G 时代，中国联通就采用了 CDMA 系统。

在 IS-95 之后，所有的第三代移动通信系统都采用 CDMA 技术作为其接入系统，从这个角度上讲，IS-95 是一个具有开创性的系统。

（2）IS-95 的关键技术。IS-95 使用了当时来自军方的几项先进的技术，如码分多址（CDMA）技术、直接序列扩频（Direct Sequence Spread Spectrum，DSSS）技术等等。

在 CDMA 技术中，不同的用户在相同的频率和相同的时隙中使用不同的编码，从而增加了通信系统的信道容量。图 3.11 对比了传统的频率复用方式和 IS-95 的频率复用方式。在频率复用方面，IS-95 性能是 AMPS 的 7 倍，是 GSM 的 3～4 倍。

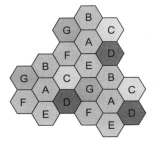 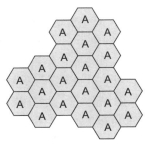

(a) 传统频率复用　　　　　　　　　(b) IS-95频率复用

图 3.11　两种频率复用方式对比

DSSS 技术是通过窄带信号乘以一个带宽非常大的信号(扩频信号)进行扩频的。这个扩频信号是一种伪噪声码序列,码率远远大于数据速率。例如,在发射端用码片"11000100110"编码数据"1",用"00110010110"编码数据"0",这样,就可以用"1100010011000110010110"表示"10"。在接收端则会将收到的数据恢复为原始数据,例如,接收端收到的码片"11000100110"会被恢复为"1",00110010110 就恢复成"0"。这一过程叫作解扩。对解扩的信号进行滤波,就能得到目标信号。

但是为什么要对窄带信号进行扩频呢?

根据香农公式

$$C = W\log_2\left(1 + \frac{S}{N}\right)$$

在信噪比较低的情况下,可以通过增加带宽来增大信道容量。DSSS 技术正是利用这一原理,减少了窄带干扰、码间干扰,降低了操作功率。尽管在传播过程中,对于所有用户来说,每个用户都会产生背景噪声,但是对于整个系统来说,这些噪声的干扰是可以接受的。

此外,在实际应用中,IS-95 使用 PN 码和沃尔什(Walsh)码来进行扩频和解扩。

伪噪声码具有类似于随机序列的基本特征,但是其本质上还是一种具有一定规律的周期性二进制码。利用 PN 码的伪随机特性,非目标接收机无法识别这个随机序列并且解析信息,利用 PN 码的规律性,目标接收机很容易识别并且同步地产生这个序列。

一般使用线性反馈移位寄存器(Linear Feedback Shift Register,LFSR)产生 PN 码。LFSR 是由 n 个 D 触发器和若干个异或门组成,这样的寄存器也被称为 n 阶 LFSR。一个 n 阶 LFSR 可以得到一个序列周期为 $2^n - 1$ 的 PN 码序列。如图 3.12 所示就是一个简单的 3 阶 LFSR。对于选定的随机种子"001",可以通过 LFSR 产生一个随机码"1001011"。

在 IS-95 中,PN 码分为长码和短码,长码周期为 $2^{42} - 1$,用来区分用户。每个 MS 都有一个长码生成器,长码状态寄存器(Long Code Status Register,LCSR)保持与系统时间同步。对于每个用户来说,生成的长码由其唯一的偏置码型决定,其他用户无法解调此码。

短码又称为 m 序列,由一个 15 阶移位寄存器产生,所以其周期为 2^{15} (chip),将短码每隔 64 chip 进行划分就可以得到 512 个不同相位的短码,对其按照 0~511 进行编号可以得到 PN 码偏置码型,可以用来对不同小区进行区分。

Walsh(沃尔什)码是一种典型的正交码,具有很好的互相关特性。这种编码方式来源于 Walsh 矩阵。该矩阵由"+1"和"-1"组成,其各行和各列之间是相互正交的,产生的扩频信道也相互正交。在 Walsh 矩阵中,每一行都与一个 Walsh 函数

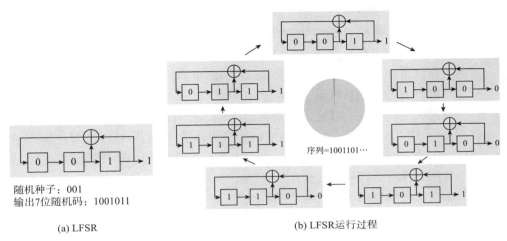

(a) LFSR

随机种子：001
输出7位随机码：1001011

(b) LFSR运行过程

序列=1001101…

图 3.12 用 LFSR 寄存器产生 7 位随机码

相对应。

在 IS-95 中，使用了 1.228 8 Mbps 比特率的 64 阶 Walsh 函数进行扩频。Walsh 码可以消除或者抑制多址信道干扰。理论上，多址信道中采用正交信号可以让多址信道干扰减少到零。但是在实际上，信道异步到达的延迟和衰减的多径信号与同步到达的原始信号往往不是完全正交的，来自其他小区的信号和想要接收到的目标信号往往也不是同步或正交的，这两种情况都会导致干扰发生，所以实际中的多址信道干扰不会为零。

（3）IS-95 框架。从框架结构上来说，IS-95 的系统结构如图 3.13 所示：

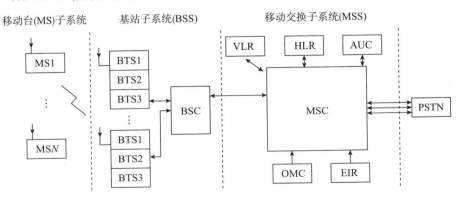

图 3.13 IS-95 系统结构

IS-95 由移动台(MS)子系统、基站子系统(Base Station Subsystem，BSS)和移动交换子系统(Mobile Switching Subsystem，MSS)组成。

移动台子系统由用户使用的移动台(MS)组成。和 GSM 系统一样,IS-95 中的移动台也是由机身和 SIM 卡组成。

基站子系统主要由 BTS 和 BSC 组成,负责处理移动电话和移动交换子系统之间的通信流量和信令。其具体功能包括:向移动电话分配无线电信道、负责通过空中接口进行通话信道的转码、传输、寻呼等等。

移动交换子系统主要完成交换功能,管理用户数据和完成移动交换需要的数据库。由 MSC 和一系列数据库组成。数据库包括 VLR、HLR、AUC、操作维护中心(Operation and Maintenance Center,OMC)、EIR 等等,作用与 GSM 类似。

公用交换电话网是一种全球语音通信电路交换网络。MSC 通过与 PSTN 交换数据实现移动电话与固定电话之间的通信。

(4) IS-95 的主要特点。作为通信史上第一个被广泛应用的支持 CDMA 的标准,IS-95 主要有以下关键特点:

① 属于窄带 CDMA 蜂窝移动通信系统,支持 AMPS/CDMA 双模通信,分为 900 MHz 和 1 900 MHz 两个载波频段。

② 载波频段带宽为 1.25 MHz,是 AMPS 的 41 倍,是 GSM 的 6 倍,更宽的载波频段带宽可以带来更高的通信容量。

③ 采用数字语音,可以使用可变速率编码器,在相同误码率要求下,随着数据传输率降低,发射机功率也会降低。

④ 支持睡眠模式,手机功耗较低。

⑤ 可以提供数字数据服务,支持文本、传真、电路交换数据的传输。

⑥ 支持高级电话功能,例如呼叫等待、语音邮件等。

⑦ 频带复用率高,规划更简单,信道容量更大。

⑧ 支持软切换和软容量功能。

⑨ 服务质量高,保密性好,安全性高。

⑩ 使用 CDMA、FDMA、频分双工(Frequency-Division Duplex,FDD)等技术。

3.4 第三代移动通信(3G:图片、视频、海量 App)

3.4.1 3G 的发展历程

20 世纪 90 年代中期,超大规模集成电路技术和计算机技术快速发展,多媒体技术的成熟和广泛应用使得对宽带移动业务的需求激增。第二代移动通信系统已不能满足急剧增长的数据和图像业务的传输以及带宽容量的需求。

1993 年,欧洲提出了通用分组无线业务(General Packet Radio Service, GPRS)的相关概念,并于 1999 年开始全球推广。GPRS 是介于 2G 和 3G 之间的一种技术,通常被称为 2.5G。GPRS 是一种基于 GSM 的无线分组交换技术,提供端到端的、广域的无线 IP 连接。简单地说,GPRS 是一种高速处理数据的技术,其方法是以“分组”的形式传送数据。网络容量只在需要时分配,不需要时就释放,这种方式称为统计复用。GPRS 移动通信网的传输速率可达 115 kbps。

1998 年,2.5G 的无线应用协议(Wireless Application Protocol,WAP)发布。WAP 是移动通信与互联网结合的第一阶段产物。这项技术让使用者可以用智能手机等无线设备上网,透过小型屏幕访问各种网站。这些网站必须以无线标记语言(Wireless Markup Language,WML)编写,相当于国际互联网的超文本标记语言(Hypertext Markup Language,HTML)。

2000 年,在国际电信联盟(International Telecommunications Union,ITU)的领导下,国际移动电信 2000(International Mobile Telecommunications-2000, IMT-2000)的多项技术标准被批准通过。IMT-2000 是一个具有全球移动、数据传输蜂窝、综合业务、集群、无绳、寻呼等多重功能,并能满足频谱利用率、运行环境、业务能力和质量、网络灵活及无线覆盖、兼容等多项要求的全球移动通信系统。一般认为 IMT-2000 就是我们常说的第三代移动通信系统,也称为 3G。

IMT-2000 是一个全球无缝覆盖、全球漫游的大系统,包含卫星移动通信、陆地移动通信和无绳电话等蜂窝移动通信。它可以向公众提供前两代产品不能提供的各种宽带信息业务,如图像、音乐、网页浏览、视频会议等。它是一种真正的“宽频多媒体全球数字移动电话技术”,并与改进的 GSM 网络兼容。它的基本目标为:

(1) 形成全球统一的频率和统一的标准;

(2) 实现全球的无缝漫游;

(3) 提供多种业务。

ITM-2000 的诞生,让 3G 正式登上了历史的舞台。2008 年 5 月,国际电信联盟正式公布第三代移动通信标准,我国提交的时分同步码分多路访问(Time Division-Synchronous CDMA,TD-SCDMA)正式成为国际标准,与欧洲 WCDMA、美国 CDMA2000 成为 3G 时代最主流的三大技术标准。

与 1G 和 2G 相比,3G 手机将无线通信和国际互联网等通信技术全面结合,以此形成一种全新的移动通信系统。这种移动通信系统可以处理图像、音乐等媒体形式,除此之外,也实现了电话会议等一些商务功能。为了支持上述功能,无线网络可以对不同数据传输的速度进行充分的支持,即无论是在室内、室外,还是在行车的环境下,都可以提供最少为 2 Mbps、384 kbps 与 144 kbps 的数据传输速度。在 3G 时代,移动通信出现了新的玩家。除了北美和欧洲,中国也开发了自己的标准。在移动终端领域,新的移动通信设备公司不断涌现,例如苹果公司、三星集团、华为技术有限公司等等,而一代巨头诺基亚则黯然离场。

由于采用了更宽的频带,传输的稳定性也大大提高,保证了速度和质量之后,数据的传输更为普遍和多样,因此 3G 有了更多样化的应用。在这方面,苹果公司率先将多媒体业务、互联网应用与手机相结合,发布了第一代 iPhone,如图 3.14 所示。借助第一代 iPhone,人们可以从手机上直接浏览电脑网页、收发邮件、视频通话、观看直播,人类正式进入多媒体时代。这给人们提供了无线通信终端发展的新方向,智能手机的浪潮席卷全球。

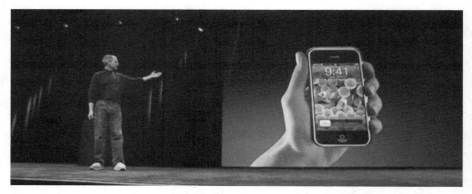

图 3.14　2007 年 iPhone 发布会,掀起智能手机浪潮

3.4.2　3G 关键技术

3G 的关键技术主要包括 CDMA 技术、RAKE 接收机技术等等。CDMA 技术的核心原理在 2G 部分已经做了详细的解释,下文主要对 RAKE 接收机进行介绍。

RAKE 接收机是一种可以分离多径信号并且有效合并多径信号能量的最终接收机,于 1956 年由 Prcie 和 Green 提出。1989 年,美国高通公司进行了首次 CD-MA 实验。验证了 RAKE 接收机等 CDMA 的关键技术的可行性。1996 年,RAKE 接收机技术被应用于 IS-95 系统中,在随后的 3G 时代,RAKE 接收机技术得到了更广泛的应用。

对于多径信道而言,无线信号从发送到接收经历了多个路径,到达接收机的信号一般会有时延,如果这些时延远远小于一个符号的时间,就可以认为多径信号几乎是同时到达的。这种情况下可以认为多径不会造成信号之间的干扰,所以这一现象被称为平坦衰落。

在 CDMA 扩频系统中,信道带宽远远大于信道的平坦衰落带宽,并且 CDMA 扩展码具有良好的自相关性,所以无线信道传输中的时延扩展可以被看作只是被传信号的再次传送。对于相互间的延时超过一个码片的长度的多径信号,接收端会将其视为非相关的噪声,而不再需要均衡。利用这些性质,RAKE 接收机分别接收每一路的信号进行解调,然后对其进行相关和加权,叠加输出来增强接收效果,所以在 CDMA 扩频系统中多径信号不再是一个不利因素,而是变成了一个可供利用的有利因素。

如图 3.15 所示,信号在多径信道模型中的发送与接收,可以看到 RAKE 接收机的工作过程。

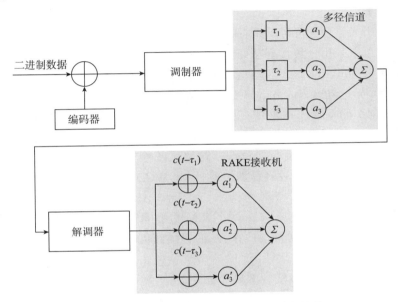

图 3.15　信号在多径信道模型中的发送与接收

3.4.3　3G 的技术标准

3G 的主流技术标准为以下三种 CDMA 技术标准:

(1) IMT-2000 CDMA-MC(IMT-2000 多载波 CDMA),即 CDMA2000。

(2) IMT-2000 CDMA-DS(IMT-2000 直接扩频 CDMA),即 WCDMA。

(3) IMT-2000 CDMA TDD(IMT-2000 时分双工 CDMA):目前包括 TD-SC-DMA 和通用陆地无线接入时分双工(UMTS Terrestrial Radio Access Time Division Duplexing,UTRA-TDD),其中 TD-SCDMA 是由我国提出的技术。

CDMA2000

CDMA2000 也称为 CDMA Multi-Carrier,是由美国高通公司为主导提出,摩托罗拉、朗讯科技公司和后来加入的韩国三星集团参与制定的一项 3G 标准,这套系统能与 2G 标准 IS-95CDMA 后向兼容，建设成本低廉。CDMA2000 技术主要应用于北美和亚太等地区。

CDMA2000 的主要特点[9]在于：

（1）与 IS-95A 相比具有更大的容量，CDMA2000 -1X 可以支持 144 kbps 的数据传输。

（2）提供了反向导频信道，可以对反向信道做相干解调。

（3）采用了前向快速功率控制结束，和 IS-95 相比，大大减少了基站耗电和前向信道容量。

（4）引入了快速寻呼信道，减少了移动台的电源损害。

（5）可以采用分集发射从而提高信道抗衰落能力，改善信号质量。

（6）采用 Turbo 编码，从而提高信道容量。

宽带码分多址（Wideband CDMA，WCDMA）意为宽频分码多重存取，是一种基于 CDMA 的宽带扩频 3G 移动通信空中接口。其支持者主要是以 GSM 为主的欧洲厂商和部分日本公司，包括欧美的爱立信、阿尔卡特、诺基亚、朗讯、北电，以及日本的 NTT、富士通、夏普等厂商。这套系统能够架设在 2G 的 GSM 网络上，对于系统提供商而言可以较轻易地过渡，因此 WCDMA 具有先天的市场优势。

WCDMA 具有以下特点：

（1）频点更宽，WCDMA 采用了 5 MHz 的频点带宽，是 CDMA2000 频点带宽的 4 倍，因而可以采用更高的码率，从而提供数倍于 CDMA2000 的上、下行业务速率和更大的容量。

（2）信道复杂，可以实现多种业务要求。

（3）采用开环功率控制和闭环功率控制两种方式，功率控制更加完善，可以更好地控制系统内干扰，提升网络覆盖和容量。

（4）采用 CDMA 技术，保密性高。

（5）支持软切换和硬切换两种切换方式，切换机制更健全。

（6）基站无须同步，摆脱了全球定位系统的控制，缺点在于需要快速实现小区搜索。

TD-SCDMA 是我国制定的 3G 标准，1998 年，由我国邮电部电信科学技术研究院向 ITU 提出。这是一项以我国知识产权为主的、被国际上广泛认可和接受的无线通信国际标准。该标准将智能无线、同步 CDMA 和软件无线电等当今国际领先技术融于其中，在频谱利用率、对业务支持的灵活性、频率灵活性及成本等方面具有独特优势。另外，由于国内庞大的市场，该标准受到各大主要电信设备厂商的重视，全球一半以上的设备厂商都宣布可以支持 TD-SCDMA 标准。它具有以下特点[10]：

（1）无线空中接口方式使用了 TDMA、FDMA 和 CDMA。

（2）扩频带宽为 1.6 MHz。

（3）码片速率为 1.28 Mcps。

（4）采用 WCDMA-TDD 一样的业务复接方案，从 8 kbps 到 2 Mbps 的混合业务都能处理。对不同的业务采用不同的编码方式（卷积码、Turbo 编码和不编码）。

（5）功率控制方面，上行采用开环和闭环相结合的方案；下行仅采用闭环方案。

（6）使用了多种当时领先的 3G 技术，包括软件无线电技术、智能天线技术、同步 CDMA 技术等等。

习　　题

1. 简述 1G 到 3G 的演化历程。
2. 总结 1G 到 3G 的演进对商业市场的影响。

第 4 章　4G 与移动互联网

近年来,移动互联网的高速发展为人们的生活带来了翻天覆地的变化。网上购物、移动社交、网络游戏等等,极大地便利和丰富了人们的生活。在这一章将介绍电子商务和移动社交两大移动互联网应用中涉及的关键技术。

4.1　第四代移动通信

4.1.1　4G 的发展历程

2008 年,第四代移动通信技术(4th Generation Mobile Networks,4G)发布了,我国成为标准的制定者之一。4G 支持像 3G 一样的移动网络访问,还可以满足游戏服务、高清移动电视、视频会议、3D 电视以及很多其他的需要更高网速的功能。对于移动性较高的通信场景,4G 的最大速度为 100 Mbps;对于移动性较低的通信场景,4G 的速度为 1 Gbps。

4G 时代的来临,为许多新型公司的发展提供了机会,包括移动支付领域的企业:支付宝中国网络技术有限公司和财付通支付科技有限公司;设备商和终端商:华为技术有限公司和小米通讯技术有限公司;移动互联网企业:字节跳动科技有限公司(今日头条、抖音)、滴滴出行、美团、拼多多等等,各种各样的新型公司如雨后春笋般争相出现。

人们的生活被彻彻底底改变,生活越来越便捷,通信越来越方便,人们的城市生活已经离不开手机,从前绝对没想过的事情一一发生,更加智能化的生活已经悄悄来临。

随着移动通信网络的全面覆盖,我国移动互联网伴随着移动网络通信基础设施的升级换代快速发展,尤其是在 2009 年国家开始大规模部署 3G 网络,2013 年又开始大规模部署 4G 网络。两次移动通信基础设施的升级换代,有力地促进了中国移动互联网的快速发展,服务模式和商业模式也随之大规模地创新与发展,4G 时代移动电话用户扩张带来用户结构不断优化,网上支付、视频通话等各种移动互联网应用的普及,带动数据流量呈爆炸式增长。

整个移动互联网的发展可以归纳为四个阶段:萌芽阶段、培育成长阶段、高速发展阶段和全面发展阶段。

（1）萌芽阶段（2000—2007 年）。萌芽阶段的移动应用终端主要是基于无线应用协议（Wireless Application Protocol，WAP）的模式。由于受限于 2G 网速和手机智能化程度，该时期我国移动互联网发展处在简单的 WAP 时期。WAP 把互联网上 HTML 的信息转换成用 WML 描述的信息，显示在移动电话的显示屏上。由于 WAP 只要求移动电话和 WAP 代理服务器的支持，而不要求现有的移动通信网络协议做任何的改动，因而被广泛地应用于 GSM、CDMA、TDMA 等多种网络中。在移动互联网萌芽阶段，利用手机自带的支持 WAP 的浏览器访问企业门户网站是当时移动互联网发展的主要形式。

（2）培育成长阶段（2008—2011 年）。2009 年 1 月 7 日，工业和信息化部为中国移动、中国电信和中国联通发放三张 3G 牌照，此举标志着中国正式进入 3G 时代。3G 网络建设掀开了中国移动互联网发展的新篇章。3G 网络的部署和智能手机的出现，大幅提升了移动网速，初步解决了手机上网带宽瓶颈的问题，移动智能终端丰富的应用软件让移动上网的娱乐性得到大幅提升。同时，我国在 3G 协议中制定的 TD-SCDMA 协议得到了国际的认可和应用。

在培育成长阶段，各大互联网公司都在摸索如何抢占移动互联网用户，一些大型互联网公司企图推出手机浏览器来抢占移动互联网用户，还有一些互联网公司则是通过与手机制造商合作，在智能手机出厂的时候，就把企业服务应用（如微博、视频播放器等应用）预安装在手机中。

（3）高速发展阶段（2012—2013 年）。随着手机操作系统生态圈的全面发展，智能手机规模化应用促进了移动互联网的快速发展，具有触摸屏功能的智能手机的大规模普及解决了传统个人电脑上网的众多不便，安卓智能手机操作系统的普遍安装和手机应用商店的出现极大地丰富了手机上网功能，移动互联网应用呈现爆发式增长。进入 2012 年之后，由于移动上网需求大增，安卓手机操作系统被大规模商业化应用，传统功能手机进入了一个全面升级换代期，传统手机厂商纷纷效仿苹果模式，推出了触摸屏智能手机和手机应用商店，由于触摸屏智能手机上网浏览方便，移动应用丰富，受到了市场极大欢迎。同时，手机厂商之间竞争激烈，智能手机价格快速下降，千元以下的智能手机大规模量产，推动了智能手机在中低收入人群的大规模普及应用。

（4）全面发展阶段（2014 年至今）。移动互联网的发展永远都离不开移动通信网络的技术支撑，而 4G 网络建设将中国移动互联网发展推上快车道。随着 4G 网络的部署，移动上网速度得到极大提升，网速瓶颈基本得到解决，移动应用场景得到极大丰富。2013 年 12 月 4 日工业和信息化部正式向中国移动、中国电信和中国联通三大运营商发放了 TD-LTE 4G 牌照，我国 4G 网络正式大规模铺开。

由于网速、上网的便捷性、手机应用等移动互联网发展的外在因素基本得到解决,移动互联网应用开始全面发展。桌面互联网时代,门户网站是企业开展业务的标配;移动互联网时代,手机 App 是企业开展业务的标配,4G 网络催生了许多公司利用移动互联网开展业务。特别是由于 4G 网络的网速大大提高,促进了对实时性要求较高、流量较大、需求量较大的移动应用快速发展,例如,许多企业开始大力推广移动视频的应用。

4.1.2 4G 与 LTE

长期演进技术(Long Term Evolution,LTE)是由第三代合作伙伴计划(3rd Generation Partnership Project,3GPP)组织制定的通用移动通信业务(Universal Mobile Telecommunications Service,UMTS)技术标准的长期演进,这项技术关注的核心是无线接口和无线组网架构的技术演进问题。2004 年 12 月在 3GPP 多伦多会议上,LTE 正式立项并启动。LTE 引入了 OFDM 和 MIMO 等关键技术,显著增加了频谱效率和数据传输速率,并支持多种带宽分配,频谱分配更加灵活,系统容量和覆盖也显著提升。

尽管 LTE 被宣传为 4G 无线标准,但 LTE 不等于 4G。事实上,LTE 还未完全达到 4G 的标准。从严格意义上来讲,LTE 只是 3.9G。LTE-Advanced 是 LTE 的演进,满足国际电信联盟对 4G 的要求,被称为 4G 无线标准。

LTE 的演进路线如图 4.1 所示。

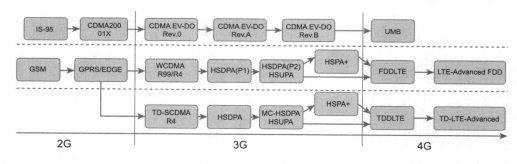

图 4.1 LTE 的演进路线

4.2 移动互联网关键技术

4.2.1 终端间直接通信

终端间直接通信是指设备到设备间的直接信息交互过程。不同于传统的蜂窝通信,终端间直接通信是多个移动终端之间的直接通信,不需要通过基站进行信息中继。这种技术可以减少回传网络、基站系统的负担,并且提升信息的收发效率和传输效率。目前主流的两种移动终端直接通信的技术方案分别是 Apple 无线直连(Apple Wireless Direct Link,AWDL)技术和安卓的 Wi-Fi Aware 技术。

1. AWDL 技术

AWDL 技术是苹果生态系统中的一个关键协议。这项技术被应用于苹果的 AirDrop、AirPlay 等热门功能上,为大约 10 亿台 iOS 和 macOS 设备提供服务。有别于传统的局域网文件共享方式,AWDL 技术不要求两台机器在同一个网络内。

这项技术是从 IEEE 802.11(Wi-Fi)标准扩展而来,集成了低功耗蓝牙(Bluetooth Low Energy,BLE)技术。

AWDL 技术建立通信链路主要包括 5 个步骤:① 激活(Activation);② 主节点选举(Leader Election);③ 同步(Synchronization);④ 服务发现(Service Discovery);⑤ 数据传输(Data Transfer)。

(1) 激活。AWDL 是一种按需通信技术。这意味着默认情况下 AWDL 技术是不活动的,但是应用程序可以(暂时)请求激活它。例如,在 AirDrop 上,使用 BLE 技术通过发送用户联系信息来激活它。

(2) 主节点选举。主节点就是一个负责发出"时钟信号"的节点,从节点应该采用主节点发出的时钟信号。在只有两个节点的简单场景中,一个节点将是主节点,另一个节点将是从节点。在更大的场景中,从节点可能离主节点不止一跳。在这种情况下,中间从节点将扮演非选举主节点的角色,后者有责任重复主节点发出的时钟信号。每个中间主节点都会宣布到"顶部"主节点的路径。无论如何,一个集群中只有一个主节点,如图 4.2 所示。

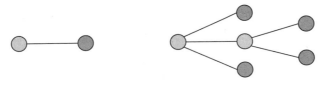

图 4.2　集群示意图

主节点选举主要取决于度量(Metric)值。一个集群中,宣布最大度量值的节点将成为那个集群的主节点。初始的度量值是随机选择的。

当两个具有不同主节点的 AWDL 集群移动到邻近位置,就需要执行集群合并。集群合并的流程如图 4.3 所示,分为三个步骤:

① 所有节点广告其主节点度量值。

② 当两个所属不同集群的节点相遇时,两个节点相互接收另一个集群的主节点度量值,并立即将二者中度量值大的一方的主节点定为新的主节点。

③ 在②中改变了主节点的节点发布新的主节点度量值广告,其集群中的其他节点也跟随着改变自己的主节点。

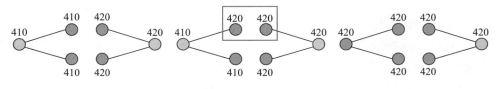

图 4.3 集群合并

为了防止选举树中出现环路,限制选举树的最大深度,每个节点都要确保它不采用已经出现在该节点的路径中的非选举主节点。

当主节点断网时,集群需要重新选举主节点。当超过一定时限无法接收到来自主节点的信息后,另一个节点将代替原来的主节点。由于该节点已经与原主节点同步,其他节点不需要重新同步,只需直接采用新的主节点。

(3) 同步。可用性窗口(Availability Window,AW)表示设备可用于通信的一段时间。集群中的每个节点都需要同步,这样所有设备可以同时启动 AW,为数据的传输做准备。AWDL 的定时是基于时间单位(Time Unit,TU)的,其中 1TU＝1 024 μs。在 AWDL 的实现中,AW 设置为 16TU 长。如果一个节点正在发送或接收数据,它可能会延长在信道上花费的时间,被延长的时间段称为扩展窗口(Extension Window,EW)。

在进行同步时,由主节点发送一个动作帧(Action Frame,AF)宣布下一个 AW 的开始时间,即距离下一个 AW 的 TU 数 t_{AW}。每个从节点将其时钟与主节点的时钟同步。由于 AF 从创建到传输完成需要一些时间,AWDL 设置了两个时间戳来计算,分别是物理时间 $T_{Tx,PHY}$ 和目标延迟时间 $T_{Tx,target}$。$T_{Tx,PHY}$ 记录数据帧被创建的时间点;$T_{Tx,target}$ 记录数据帧刚好在传输前的时间点。在 macOS 驱动程序中,这两个时间戳都是在 Wi-Fi 驱动器中设置的。

因此,对于在 T_{Rx} 时间接收到 AF 的节点,其下一个 AW 的开始时间 T_{AW} 可以通过下面的公式计算:

$$T_{AW} = t_{AW} \times 1\,024 - (T_{Tx,PHY} - T_{Tx,target}) + t_{air} + T_{Rx}$$

其中,t_{air} 为空气中的传播时间。在实际应用中,由于空气中的传播时间不足微秒,一般可以忽略。此外,AWDL 接受 3 ms 的同步误差。

(4) 服务发现。AWDL 采用了 DNS 服务发现(DNS Service Discovery,DNS-SD)技术和多播 DNS(Multicast DNS,mDNS)技术,从而使发送端了解其他节点的状态。例如在 AirDrop 中,发送端通过 DNS-SD 和 mDNS 寻找可以接收数据的节点。对于这些节点,发送端与它们分别建立超文本传输安全协议(Hypertext

Transfer Protocol Secure,HTTPS)连接并进行相互验证。通过验证的节点就会出现在发送端的 AirDrop 界面上,供用户选择传输数据的目标设备。

（5）数据传输。AWDL 为用户数据传输使用了一种特殊格式的帧头,专用于 IPv6 数据包的传输。当将用户数据传输到特定的节点时,发送端需要计算传输用的 AW,在此期间,两个节点被调谐到同一个信道,并且只在这些 AW 期间发送帧。具体传输过程如图 4.4 所示。

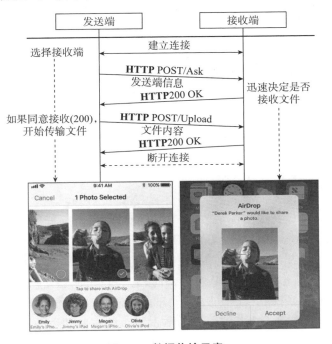

图 4.4　数据传输示意

2. Wi-Fi Aware 技术

Wi-Fi Aware 即邻居感知联网(Neighbour Awareness Networking,NAN),是一种基于 IEEE 802.11 协议之上制定的相邻设备发现协议。这项技术被运用于 Android 8.0 以及更高版本的 Wi-Fi 设备之上,可以在拥挤的环境、多设备状态下很好地工作。也可以在连接之前发现服务,允许在低延迟的节点之间共享少量信息。

（1）NAN 的通信数据帧。所有的 NAN 通信都是使用三种帧实现的:

① 同步信标(Synchronization Beacon):该帧具有定时信息被设备用于相互同步。

② 发现信标(Discovery Beacon):该帧具有集群相关的信息,用于在邻域中找

到现有的 NAN 集群。

③ 服务发现帧(Service Discovery Frame):这是一个公共操作帧,它具有设备想要提供或寻求的服务信息和设备的连接能力,向其他节点发布服务,并查找集群中其他设备提供的服务。

(2) NAN 的状态或角色转换。NAN 指定了一组角色或状态:

① 锚主节点(Anchor Master);

② 主节点(Master);

③ 非主节点同步(Non-Master Synchronization);

④ 非主节点非同步(Non-Master Non-Sync)。

锚主节点是主节点中持有最高 NAN 级别的设备,负责维护节点间的同步性,为服务发现功能对齐发现窗口(Discovery Window,DW)。主节点设备通过发送同步信标帧和发现信标帧来传播集群的同步和发现信息;非主节点同步状态的设备参与同步信标帧的传播,但不发送发现信标帧;最后,非主节点非同步状态中的设备不传播任何同步或发现信标帧;此外,非主节点非同步设备不需要在所有 DW 中保持活跃状态,因此可以更加节能。

每个 NAN 设备拥有一个 NAN 主秩(Master Rank,MR)值,集群中拥有最高主秩值的 NAN 设备成为锚主节点。主秩值是由三个部分计算而成的:主偏好值、随机因子(Random Factor)、设备的 MAC 地址。

当一个 NAN 设备最初加入集群时,它自己承担主节点的角色。当设备发现一个或多个更高主秩值的主节点设备时,它将自己的状态转换为非主节点同步。另一方面,如果一个非主节点设备(同步或非同步)在附近没有检测到任何主节点设备,则它将自己成为主节点。非主节点同步状态和非主节点非同步状态之间的转换主要取决于其对锚主节点的跳数(Hop Count);也就是说,较低跳数的设备更有可能被选择来传播同步信息。非主节点非同步设备如果没有在附近检测到任何非主节点同步设备,则更改为同步角色。节点状态的转换如图 4.5 所示。

(3) NAN 同步。NAN 同步旨在保持设备之间的 DW 对齐,以实现在最小化功耗和资源占用率的同时减少发现延迟。

NAN 同步过程可以理解为通过选定主节点和非主节点同步节点,在整个 NAN 集群中传播锚主节点的时钟时间。这些节点形成了以锚主节点为根节点的树状结构。同步过程依赖于锚主节点、主节点和非主节点同步节点发送的同步信标帧的传输和处理。同步信标帧中包含的信息用于确定锚主节点,从而确定同一集群中所有 NAN 设备必须同步的时钟时间。其同步过程如图 4.6 所示。

(4) 重选举。和 AWDL 一样,NAN 也有一个重选举机制。如果集群中发送的信标帧中没有一个包含新的锚主节点信标传输时间(Anchor Master Beacon

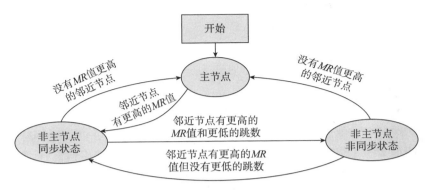

图 4.5　节点状态之间的转换

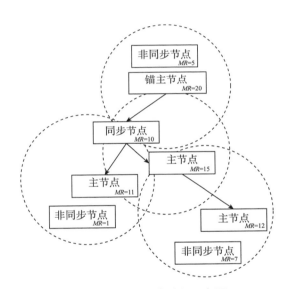

图 4.6　NAN 同步过程示意图

Transmission Time，AMBTT)值，并且这种情况维持连续三次 DW 之后，NAN 设备将假定自己是新的锚主节点。

(5) 集群合并。每个 NAN 集群有一个集群等级(Cluster Grade，CG)。当某个变量集群中的 NAN 设备发现具有更高 CG 的新集群时，则进行集群合并。设备离开当前的 NAN 集群并加入新的集群。如果这个 NAN 设备在原来的集群中是主节点或非主节点同步状态节点，则发送一个包含新集群信息的同步信标，从而使得 CG 较低的集群设备合并到 CG 较高的集群设备中。因此，当两个或多个 NAN 集群的影响区域重叠时，最终将合并为一个公共集群。如果要限制集群的大小，可以通过限制距离锚主节点的最大跳数实现。集群合并允许服务信息在更广泛的受众上交换,同时也降低了资源占用率。

4.2.2 MIMO 多天线技术

1. 技术背景

多输入输出(Multiple-Input Multiple-Output,MIMO)技术是指在发射端利用多个天线各自独立发送信号,在接收端利用多个天线接收并恢复原信息。

四种天线传输方式如图 4.7 所示。相比于其他天线的传输方式,MIMO 技术理论上可以同时收发多路数据进行多路复用从而提高数据传输速率,此外,其多路信号的分集又可以更好地防止错误。

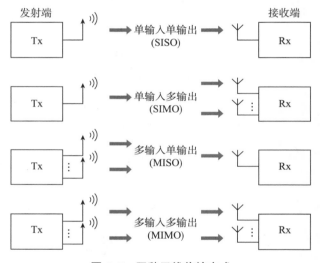

图 4.7 四种天线传输方式

一般来说,多天线系统有两种:一种通过使用空间复用(Spatial Multiplexing)技术,用不同的天线传输相对独立的数据,从而提高数据传输速率,例如贝尔实验室分层空时(Bell Labs Layered Space-Time,BLAST)技术;另一种通过使用空间分集(Space Diversity)技术,用多个天线发送、接收一组数据的副本,通过对比各个数据版本来提高数据传输的可靠性,例如空时分组编码(Space-Time Block Code,STBC)技术。

2. 空间复用

在空间复用理论中,MIMO 信道可以分解成若干个并行的独立通道。BLAST技术就是其中的典型代表。

BLAST 技术由贝尔实验室提出,被证明通过最大化空间复用增益,来提高数据吞吐量。其基本原理就是从不同的天线发送独立的数据信号,以提高信道的吞吐量和容量。具体来讲,高速信息流首先将复用数据分成多个独立的低速数据支流,然后分别用各自的信道编码器(卷积编码/不编码)为各个支路的数据编码。编码后的支路数据再经过 BLAST 调制后送至各个独立的发射天线。在发射阶段,对于 TDMA 系统,使用同一个载波频率/符号波形发射,而对于 CDMA 系统,则使用同样的扩频码发射。

BLAST 技术大致可以分为两种:D-BLAST 码和 V-BLAST 码。

(1) D-BLAST 码。对角分层空时(Diagonally-BLAST,D-BLAST)码将原始数据分为若干子流,对每个子流分别进行编码,但子流之间不共享信息比特,一个子流对应一根天线,但是这种对应关系会周期性改变。如图 4.8 所示。每一行对应一个天线,每一列对应一个时隙。它的每一层在时间和空间上都呈对角线结构。

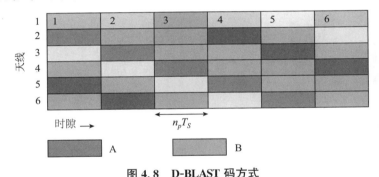

图 4.8　D-BLAST 码方式

如图 4.9 所示是一个基于 D-BLAST 码的发射器。

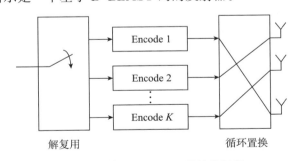

图 4.9　基于 D-BLAST 码的发射器

D-BLAST 码的优点是,所有层的数据都可以通过不同的路径发送到接收机端,提高了链路的可靠性;其主要缺点是,由于符号在空间与时间上呈对角线形状,使得一部分空时单元被浪费,或者增加了数据传输的冗余。

（2）V-BLAST。在垂直分层空时（Vertical-BLAST，V-BLAST）码中，发送端的输入流在调制前被解复用成若干路并行子流，然后从相应的发射天线发送。子流和天线之间一一对应，数据流与天线之间的对应关系不会进行周期性的改变，其数据流在时间与空间上都是连续的垂直列向量。在检测过程中，只要知道数据来自哪根天线就可以知道这是哪一支路的数据。它可以看作简化的 D-BLAST，由于不需要子流间编码，所以复杂度远远低于 D-BLAST。如图 4.10 所示是一个基于 V-BLAST 码的发射机。

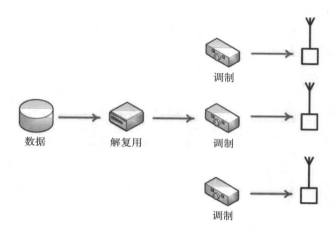

图 4.10　基于 V-BLAST 码的发射机

基于 V-BLAST 码的收发机如图 4.11 所示，这个收发机拥有 M 个发射天线和 N 个接收天线，当 $M \leqslant N$ 时，可以获得更大的信道容量。使用前向纠错（Forward Error Correction，FEC）码技术可以降低误码率。在接收端，可以使用迫零、最小均方误差等算法恢复信号。

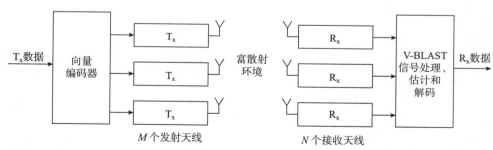

图 4.11　基于 V-BLAST 码的收发机

3. MIMO 信道模型

假设一个 MIMO 收发系统,由 M 个发射天线和 N 个接收天线组成。
接收到的信号可以用向量表示

$$y=\sqrt{\frac{E_s}{M}}Hx+n$$

或者写成以下形式

$$y_1=\sqrt{\frac{E_s}{M}}h_{1,1}x_1+\sqrt{\frac{E_s}{M}}h_{1,2}x_2+\cdots+\sqrt{\frac{E_s}{M}}h_{1,M}x_M+n_1$$

$$\vdots$$

$$y_N=\sqrt{\frac{E_s}{M}}h_{N,1}x_1+\sqrt{\frac{E_s}{M}}h_{N,2}x_2+\cdots+\sqrt{\frac{E_s}{M}}h_{N,M}x_M+n_M$$

其中,$y=(y_1\cdots,y_N)^{\mathrm{T}}$ 是接收到的信号,H 是转换矩阵,$x=(x_1\cdots x_M)^{\mathrm{T}}$ 是发射信号,$n=(n_1\cdots,n_N)^{\mathrm{T}}$ 是非相关高斯白噪声,其均值为 0,方差为 N_0I。

MIMO 的容量可以定义为

$$C=\max_{f(x)}\{I(x;y)\}$$

假定 H 矩阵在接收机上已知。$f(x)$ 是输入向量的概率密度,$I(x;y)$ 是向量 x 和 y 之间的互信息。互信息 $I(x;y)$ 衡量了由于早期观察另一个随机变量 y,随机变量 x 获得的信息。

$I(x;y)$ 也可以被表示为

$$I(x;y)=h(y)-h(y|x)$$

$h(y)$ 是 y 的微分熵,$h(y|x)$ 是 y 关于 x 的条件微分熵。一个随机变量的 $h(y)$ 衡量了通过观察该随机变量可以获得多少信息。$h(y|x)$ 衡量了由于观察到另外一个随机变量而获得的多少额外信息。

$I(x;y)$、$h(y|x)$、$h(x)$ 等变量之间的关系,如图 4.12 所示。

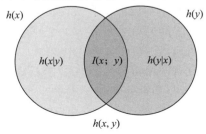

图 4.12　$I(x;y)$、$h(y|x)$、$h(x)$ 之间的关系

X 和 n 是独立的,所以 $h(y|x)=h(n)$,因此:

$$I(x;y)=h(y)-h(n)$$

又由

$$h(y)=\log_2(\det(eRyy))\text{bps/Hz}$$

$$h(y)=\log_2(\det(eN_0 I_N))\text{bps/Hz}$$

所以可得 $I(x;y)=\log_2\left[\det\left(I_N+\dfrac{Es}{MN_0}HR_{ss}H^H\right)\right]\text{bps/Hz}$

容量可以被计算为:

$$C=\max\left\{\log_2\left[\det\left(I_N+\dfrac{Es}{MN_0}HR_{ss}H^H\right)\right]\right\}$$

其约束条件为: $Tr(R_{ss})=M$。

如果信道未知,则可以选择 $R_{ss}=I_M$

$$C=\log_2\left[\det\left(I_N+\dfrac{Es}{MN_0}H^H\right)\right]$$

这意味着信号是独立、等功率的。

在信道未知的条件下,由奇异值分解可知 $H=USV^H$,可得 $HH^H S=UWU^H$,$W=SS^H$,带入信道容量计算公式可得:

$$C=\log_2\left[\det\left(I_N+\dfrac{Es}{MN_0}H^H\right)\right]$$

最终可以得到下面的结果:

$$C=\sum_{i=1}^{r}\log_2\left(1+\dfrac{Es}{MN_0}\lambda_i\right)$$

容量可以表示为 r 个单输入单输出(Single Input Single Output,SISO)信道之和。

每个信道都有一个功率增益 λ_i,发送功率为 $\dfrac{Es}{M}$。

4. 空间分集

空间分集系统中,信号副本由多个天线传输或由多个天线接收。使用一组天线来提供冗余,相邻天线之间的最小距离为 $\lambda/2$。这种技术可以提高信号质量,在接收端获得更高的信噪比,以 STBC 技术为代表。

正交空时分组码(Orthogonal Space-Time Block Code,OSTBC)其设计原则就是要求设计出来的码字各行各列之间满足正交性。接收时采用最大似然检测算法进行解码,由于码字之间的正交性,在接收端只需做简单的线性处理即可。

假设有两根发射天线,可以得到下列公式,其中行向量代表空间,列向量代表时间

$$S = \begin{bmatrix} s_1 & s_2 \\ -s_2^* & s_1^* \end{bmatrix}$$

其正交性可以由下面式子体现:

$$S^H S = I$$

这种技术通过假设信号副本独立衰退,向接收机提供发送信号的不同副本。

4.2.3　软件定义网络

随着人们对网络性能需求的不断提高,研究人员不断地把更多新的、复杂的功能加入网络的体系结构中,路由交换机设备越来越复杂,性能提升空间不断缩小,原有的体系结构不堪重负。人们甚至开始认为网络基础设施已经"僵化"。寻求一种新的高性能低成本的解决方案迫在眉睫。

美国斯坦福大学(Stanford University)在 2009 年提出的软件定义网络(Software Defined Network,SDN)成为破局者。SDN 是一种新型的网络创新架构,是网络虚拟化的一种实现方式。其思想在于将网络设备的控制面与数据面分离开来,统一管理,从而实现了网络流量的灵活控制。这种方式的优势在于可以在不改动现有网络硬件框架的条件下,使数据得以在异构交换机上高效运行,打破僵局,摆脱硬件对网络架构的限制。

SDN 的核心技术是 OpenFlow,这项技术基于以太网交换机,内部有一个流表,并有一个标准化的接口来添加和删除流表。由于大多数现代以太网交换机和路由器都包含以线速度运行的流表,以实现防火墙、网络地址转换(Network Address Translation,NAT)和收集统计数据等功能。虽然每个供应商的流表是不同的,但是交换机和路由器中都运行着一组同样的常见函数。OpenFlow 利用了这组常见函数,提供了一个开放的协议,可以在不同的交换机和路由器中对流表进行编程。网络管理员可以将流量划分为生产流(Production Flows)和研究流(Research Flows)。研究人员可以通过选择数据包所遵循的路线和接收到的处理来控制自己的流量。这样,研究人员就可以尝试新的路由协议、安全模型、寻址方案,甚至可以替代 IP。在同一网络上,生产流被隔离。

如图 4.13 所示是一个基于 OpenFlow 的交换机。人们可以在 PC 上通过安全通道控制流表。

专用 OpenFlow 交换机至少由三部分组成:流表、安全通道和 OpenFlow 协议。

(1)流表。流表操作与每个流表项相关,流表项告诉交换机如何处理这个流。每个流表项都有一个与它相关的简单操作。

① 将此流的数据包转发到给定的端口(或多个端口),允许通过网络路由数据包。在大多数交换机中,这一操作发生在直线加速器。

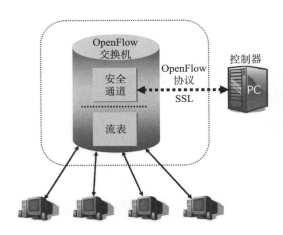

图 4.13　专用 OpenFlow 交换机

② 封装并将此流的数据包转发给控制器。数据包被传送到安全通道,在那里它被封装并发送到控制器,通常用于新流的第一个数据包,因此控制器可以决定是否应该将流添加到流表中。或者在一些实验中,它可以用来将所有数据包转发到控制器进行处理。

③ 丢弃这个流的数据包。可用于抑制拒绝服务攻击,或减少来自终端主机的虚假广播发现流量。

流表中的每个流表项有三个字段:包头域(Header Fields),包含了定义流的相关标识,计数器(Counters),用于统计数据流量的相关信息,例如数据包和字节的数量以及数据包匹配流发生的时间等;动作表(Actions),定义下一步应该如何处理数据包。

(2) 安全通道。安全通道(Secure Channel)是连接 OpenFlow 交换机到控制器的接口。控制器通过这个接口控制和管理交换机,同时控制器接收来自交换机的事件并向交换机发送数据包。交换机和控制器通过安全通道进行通信,而且所有的信息必须按照 OpenFlow 协议规定的格式来执行。

(3) OpenFlow 协议。OpenFlow 协议为控制器与交换机通信提供了一种开放标准。通过指定一个可以外部定义流表项的标准接口,开发人员可以轻松上手实验而不必花费时间研究交换机内部的原理。

4.3　移动电子商务

4.3.1　电子商务简介

　　打开手机淘宝 App 时,能够看到界面上的众多推荐商品。然而对于每个用户,推荐的商品都有所不同;同一个用户每次刷新界面,也会推荐不同的商品。唯一的共同点是——这些推荐的商品大多与用户近期经常在软件中浏览的商品有关。例如服饰类的商品,仔细观察可以发现,淘宝推荐的商品和用户最近购买和浏览过的商品的价位、款式、风格、品牌等具有高度相关性。在搜索栏进行商品搜索时,和用户的"购买习惯"相关性较高的产品也会出现在搜索结果的前列。这种根据用户的个人偏好进行推荐的功能,在淘宝中被称为"猜你喜欢",如图 4.14 所示。

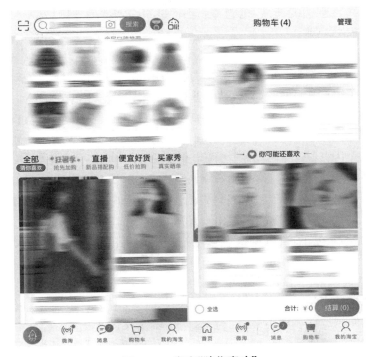

图 4.14　淘宝"猜你喜欢"

　　"猜你喜欢"的益处是显而易见的。淘宝作为国内最大的电商平台之一,平台上具有海量的店铺和商品,用户不可能逛遍每一家店铺,浏览每一样商品再选择购买。通过"猜你喜欢",将用户可能更感兴趣的商品放在更显眼的位置,节省了用户的时间,提高了用户的满意度;与此同时,用户作为买家,看到符合心理预期的商品展示在面前,会更有购买的欲望,从而给平台带来更大的收益。因此,对用户进行行为分析,优化推荐系统具有很大的商业价值,也有很多人开展相关的研究。

4.3.2 用户行为分析

近年来,随着智能手机的普及,手机移动客户端的相关行业发展迅猛。在各类手机 App 激烈的市场竞争下,提升用户体验成为产品开发中不可忽视的关键一环。只有对用户的行为进行有效的分析和预测,才能个性化地推荐出用户想看的内容,或是更精准地投放广告。淘宝的"猜你喜欢",微信的朋友圈广告推广,哔哩哔哩的首页推荐等,都依赖于用户行为分析。特别是对于电商平台来说,用户在搜索时不可能把需要寻找的所有同类商品全部浏览一遍,可以说是根据用户行为分析计算的搜索结果决定了进入"购物车"的候选;参考用户行为分析的结果向用户推荐他们可能想买的商品,也能够起到促进用户消费的作用。

1. FBM 模型

福格行为模型(Fogg Behavior Model,FBM)[12] 是 2009 年由美国斯坦福大学的教授 BJ Fogg 提出的一种理解人类行为的模型,被用在许多产品的分析和设计当中。在 FBM 模型中,行为被认为是这三个因素的产物:动机(Motivation)、能力(Ability)和诱因(Triggers)。FBM 模型认为,一个人要完成一个目标行为,他必须首先有足够的动机,其次有能力完成该行为,以及由一些诱因被触发去完成该行为。这三个因素缺一不可。例如淘宝想要向用户推销一件商品,首先这件商品是用户需要的或是想要的,这是用户购买它的动机;其次用户能够付得起这件商品的价格,并且能在淘宝平台上完成购买流程,这是用户购买它的能力;最后,在用户使用淘宝的过程中,这件商品必须出现在用户的眼前,让用户清楚地看到这件他想要的、价格能够接受的商品,配上说服用户进行购买的图文或视频,这是用户购买它的诱因。这三个环节中的任何一个环节不满足,用户都不会完成购买的行为。

FBM 模型如图 4.15 所示。

其中纵轴表示动机,坐标轴向上延伸越远代表动机越高;横轴代表能力,坐标轴向右延伸越远代表能力越高。在这两个轴定义的平面中,右上角是一个代表目标行为的星。这颗星的位置意味着高动机和高能力是目标行为发生的必要条件。从左下角到右上角的箭头表示,一个人的动机和能力越高,他越有可能执行目标行为。图中的"诱因"标注的位置靠近目标行为,这意味着诱因必须存在才能触发目标行为。

BJ Fogg 还对这个模型进一步展开,对三个元素进行了细化解释,如图 4.16 所示。

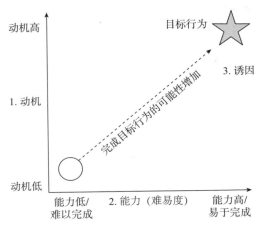

图 4.15　FBM 模型

(1)主要动机,可以从三个维度来考量:

① 快乐/痛苦:例如一件商品能使用户想起快乐的回忆,或是让用户觉得购买后能够提升生活质量,那么用户进行购买的动机自然会提升。

② 希望/恐惧:希望是对好事发生的期待,恐惧是对坏事(通常是损失)的预期。希望/恐惧的影响有时比快乐/痛苦还要大。

③ 社会认同/排斥:社会认同影响着人们生活的方方面面。穿戴流行款式的服饰,和朋友用流行语交流等,都是希望得到社会认同的体现。

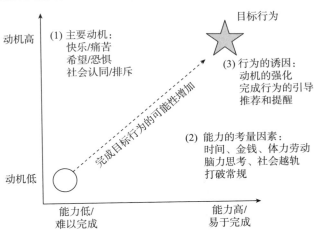

图 4.16　FBM 模型的细化

(2) 能力的考量因素包括时间、金钱、体力劳动、脑力思考、社会越轨和打破常规。这些既是衡量用户能力的因素,也代表着完成预期行为要付出的代价。如果想提高用户完成预期行为的可能性,不是要提高用户的能力,而是要降低这些代价。例如电商平台向用户推荐的产品尽量要符合其心理价位和消费能力。例如尽量精简购买流程,让用户能够很快地理解使用方法,不用花过多的时间思考这些流程。这些因素都会对用户是否购买造成影响。

(3) 行为的诱因可以分成三类:

① 对用户动机的强化。例如在电商平台用图文或视频的方式强调商品的优势和良好的买家体验,增强用户购买的欲望。

② 对用户完成行为的引导。例如在网购过程中用清晰的文字告诉用户购买流程,让用户觉得购买很方便,不麻烦,则更有可能完成购买。

③ 对用户的推荐和提醒。例如在使用电商平台时的弹窗推荐,这种提醒需要把握时机,最好在它出现时用户正好有能力和动机完成目标行为。同时不能滥用提醒,频繁的弹窗、广告等会使用户厌倦,对用户体验产生负面影响。

在电商平台的设计和开发过程中,需要综合考量动机、能力和诱因这三个要素,进行提升和权衡,才能有效提高收益。

2. 用户行为分析模型

常见的用户行为分析模型可分为:行为事件分析、页面点击分析、用户行为路径分析、漏斗模型分析、用户健康度分析和用户画像分析。

(1) 行为事件分析。行为事件分析主要用于研究某行为事件的发生对产品的影响以及影响程度,即针对某一具体行为,进行深度分析,确认导致该行为的原因;或针对某一结果现象,回溯可能造成此现象的行为是什么。例如查看功能模块的渗透率,回溯点击该功能和不点击该功能的用户有什么样的行为差别。

虽然每个产品根据产品特性,会有不同的行为事件和筛选维度,但行为事件分析基本需要涵盖该业务的所有数据指标维度。因此在进行前期数据规划中,需要对可分析事件进行全量数据埋点。而在后期平台运营过程中,将依赖于前期的数据采集规划来进行用户行为事件分析。

(2) 页面点击分析。通过对用户在页面上的点击情况,可以精准评估用户与产品交互背后的深层关系;实现产品的跳转路径分析,完成产品页面之间深层次关系的挖掘;与其他分析模型配合,全面探索数据价值;直观的对比和分析用户在页面的聚焦度、页面浏览次数和人数以及页面内各个可点击元素的百分比。页面点击分析通常用于首页、活动页、产品详情页等存在复杂交互逻辑的页面。一般通过可视化热力图(如图 4.17 所示)、固定埋点两种形式实现。

页面分析涉及的数据指标一般包括:浏览量(Page View,PV):该页面被浏览的次数;访客数(Unique Visitor,UV):该页面被浏览的人数;页面内点击次数:该

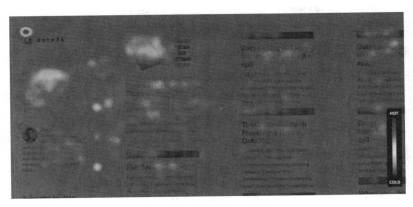

图 4.17　可视化热力图

页面内所有可点击元素的总次数；页面内点击人数：该页面内所有可点击元素的总人数；点击人数占比：页面内点击人数和访客数的比值。

（3）用户行为路径分析。即明确用户现存路径有哪些，发现路径问题，或优化用户行为沿着最优访问路径前进，结合业务场景需求进行页面布局调整。通过用户行为路径分析，可以确定产品用户从访问到转化或流失都经过了哪些流程，转化用户与流失用户是否有行为区别以及用户行为路径是否符合预期。涉及的数据指标有：页面的 PV、UV 以及路径流转关系。

（4）漏斗模型分析。漏斗模型分析了一个事件从开始到最终转化为购买的整个流程中，相邻环节的转化率的表现力。通过转化周期（即每层漏斗的时间集合）和每层漏斗之间的转化率，量化每一个步骤的表现；通过异常数据指标找出有问题的环节并进行改进，最终提升整体购买的转化率。漏斗模型在产品运营中最经典的运用是 AARRR 模型，如图 4.18 所示。

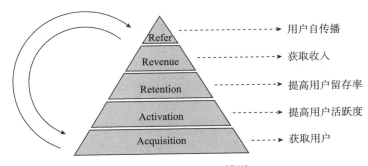

图 4.18　AARRR 模型

AARRR 分别代表五个关键要素：获取用户（Acquisition）；提高用户活跃度（Activation);提高用户留存率(Retention);获取收入(Revenue);用户自传播(Refer)。

获取用户(Acquisition)毫无疑问是产品运营的第一步,通常以曝光数、下载量、日新增用户(Daily New Users,DNU)等数据作为指标;提高用户活跃度(Activation)旨在将新增用户转化为活跃用户,分析用户的活跃程度一般可以从活跃用户构成和产品黏度两个方面考虑;提高用户留存率(Retention)可以采用激励机制等手段,让用户对产品产生黏性,还需要分析用户流失的原因,从而对产品进行改进;获取收入(Revenue)通常以付费率、回购率等作为指标,旨在提升产品的实际收益;最后用户自传播(Refer)指基于产品自身的优点,通过社交网络进行自传播,从而进一步获得用户,由此产生良性循环。

(5)用户健康度分析。用户健康度是基于用户行为数据综合考虑的核心指标,体现产品的运营情况,预测产品的未来发展。包括三大类型的指标:产品基础指标、流量质量指标、产品营收指标。产品基础指标主要评价产品自身的运行状态,主要包括日活跃用户数(Daily Active Users,DAU)、PV、UV、新用户数;流量质量指标主要评价用户流量的质量高低,包括人均浏览次数、人均停留时间、用户留存率、用户回访率等;产品营收指标主要评价产品的盈利能力与可持续性,指标包括用户支付金额、客单价、订单转化率等。

(6)用户画像分析。用户画像分析是根据用户的属性、偏好、生活习惯、行为等信息而抽象出来的标签化用户模型,涉及的数据包括用户的兴趣特征、社交数据、行为数据等。用户画像分析通过高度精练用户特征来描述用户,可以帮助产品运营理解用户,更精细化运营,降低设计复杂度。

4.3.3 移动推荐系统

近年来移动互联网快速发展,带领人们进入信息爆炸的时代。只要有手机,有互联网,人们就可以随时随地完成通信、购物、社交、休闲娱乐等各种需求。在互联网上资源如此丰富的情况下,如何买到最满意的商品,如何找到最喜欢的歌,如何了解到最感兴趣的新闻话题,成为一大难题。为了满足不同用户的这种"个性化"的需求,推荐系统逐渐成为一个热门研究领域。利用人工智能算法对已有的用户数据进行分析,将用户可能最感兴趣的内容推荐给用户,在提高用户体验的同时也能为平台带来更大的收益。

如今各类互联网的应用中都配备了推荐功能。例如微信朋友圈中根据用户感兴趣的领域推荐的广告,爱奇艺、腾讯视频等视频平台根据用户观看记录推荐的视频,网易云音乐、QQ音乐等音乐软件根据用户的收听记录推荐的歌曲,知乎、虎扑、今日头条、抖音等应用根据用户浏览记录推荐的图文和视频内容等等,如图4.19所示。人们常用的各种移动互联网的应用,都配备了推荐功能。特别是淘宝、京东等电商平台,如何优化推荐系统,为用户推荐更想购买的商品,是平台盈利和发展的关键。

图 4.19　各种互联网应用中的推荐功能

推荐系统是机器学习的一个分支领域。推荐系统使用机器学习的各种算法构建推荐模型,同时涉及分布式计算、人机交互、数据存储等多项技术。与搜索引擎相比,推荐系统不需要用户提供明确的需求,而是通过对用户和物品数据的分析进行建模,主动为用户推荐他们感兴趣的内容。

推荐系统按推荐方式可以分为两种:评分预测和 Top-N 推荐。

① 评分预测(Rating Prediction),指预测用户可能会为未评过分的物品打多少分,通常用于视频、音乐等推荐,如网易云音乐、豆瓣等。这种方法是利用用户给其他物品评分的数据(例如为电影、书籍、音乐打分),来预测用户对某个物品的偏好程度。

② Top-N 推荐(Top-N Recommendation)不参考评分,而是通过用户的隐式反馈信息来为用户推荐一个可能感兴趣的列表,主要用于购物网站、社交网络的广告推荐等。

目前使用较多的推荐算法可分为三种:基于内容的推荐、协同过滤推荐和混合推荐。

1. 基于内容的推荐

基于内容的推荐(Content-Based Recommendation)的思路是为用户推荐与其

兴趣偏好相似的内容。一般是根据用户的喜恶特点（例如过去喜欢或不喜欢的某些物品）以及物品的内容信息（例如电影的类型，科幻片还是爱情片）进行推荐。基于内容的推荐通过对对象的属性信息进行匹配，进而寻找相似的用户或者商品。

基于内容的推荐可以分为三个步骤：

① 物品表示（Item Representation）：为每个物品抽取出一些特征来表示它；

② 特征学习（Profile Learning）：利用一个用户过去喜欢或不喜欢的物品的特征数据，来学习此用户的喜好特征；

③ 推荐生成（Recommendation Generation）：通过前两步得到的用户特征和候选物品的特征，为此用户推荐一组相关性最大的物品。

（1）物品表示。物品往往有两种类型的属性：结构化属性和非结构化属性。结构化属性即意义较明确，取值在一定范围内，例如身高、学历等；非结构化属性意义往往不太明确，例如自己写的座右铭、文章等。结构化属性的数据可以直接用于算法模型中，但对于非结构化属性的数据，要先把它转化为结构化数据才能在模型中使用。

（2）特征学习。根据用户 u 的喜好生成一个模型，基于这个模型来判断此用户 u 是否会喜欢一个新的物品，这是一个有监督的分类问题，可以采用以下几种经典的算法来解决。

最近邻算法：对于一个新的物品，首先寻找用户 u 已经评价过的物品中和它最相似的 k 个物品，然后依据用户 u 对这 k 个物品的喜好程度来判断其对此新物品的喜好程度。

Rocchio 算法：将用户 u 的喜好特征表示为：

$$\vec{w_u} = \beta \cdot \frac{1}{|I_r|} \sum_{\vec{w_j} \in I_r} \vec{w_j} - \gamma \frac{1}{|I_{nr}|} \sum_{\vec{w_k} \in I_{nr}} \vec{w_k}$$

其中 $\vec{w_j}$ 表示物品 j 的属性，I_r 和 I_{nr} 分别表示用户喜欢和不喜欢的物品集合，而 β 和 γ 为正负反馈的权重，其值由系统决定。获得 $\vec{w_u}$ 后对于某个给定的物品 j，可以使用 $\vec{w_j}$ 与 $\vec{w_u}$ 的相似度来表示用户 u 对 j 的喜爱程度。Rocchio 算法的一个优点是 $\vec{w_u}$ 可以根据用户的反馈实时更新，且更新代价小。

决策树算法：当物品的属性较少，而且主要来源于结构化属性的数据时，适合采用决策树算法。决策树能够产生简单直观，便于理解的结果；还可以将决策树过程展现给用户，即为什么这些物品会被推荐。但如果物品属性较多且都来源于非结构化属性的数据，决策树难以达到预期效果。

线性分类算法：线性分类器在 $\vec{w_j}$ 空间中找平面 $\vec{c_u} \cdot \vec{w_j}$，使得平面尽量分开用户 u 喜欢与不喜欢的物品，其中的 $\vec{c_u}$ 是需要学习的参数。最常用的学习 $\vec{c_u}$ 的方法就是梯度下降法：

$$\vec{c}_{u}^{(t+1)} \ \forall := \vec{c}_{u}^{(t)} - \eta (\vec{c}_{u}^{(t)} \cdot \vec{\omega}_{j} - y_{uj}) \vec{\omega}_{j}$$

其中 t 表示第 t 次迭代，y_{uj} 表示用户 u 对 j 的打分，取值为 $(1,-1)$，η 为学习率。

（3）推荐生成。把模型预测的用户最可能感兴趣的 n 个物品（或与用户属性最相关的 n 个物品）作为推荐返回给用户即可。用户属性和物品属性相关性可以使用余弦相似度等相似度量获得。

基于内容的推荐的优点包括：

（1）用户之间的独立性。每个用户的特征都是基于他自身对物品的喜好获得的，与他人的行为无关。因此不管别人对物品如何作弊（例如利用多个账号把某个产品的排名刷上去）都不会影响到自己。

（2）解释性较好。如果需要向用户解释为什么推荐了这些产品给他，只要告诉他这些产品有哪些与他匹配的属性，更容易让用户理解。

（3）新的物品可以立刻得到推荐。如果一个新物品加入进来，它被推荐的机会和其他物品是一致的。

基于内容的推荐也有一些瓶颈：

（1）物品的特征抽取一般很难。如果系统中的物品是文档（例如，个性化阅读场景），那么可以比较容易地使用信息检索的方法来"比较精确地"抽取出物品的特征。但其他很多情况下，从物品中抽取出准确刻画物品的特征是很难的，例如电影推荐、社会化网络推荐等。在实际情况中，抽取的特征几乎不可能代表物品的全部信息。这样带来的一个问题是，从两个物品抽取出来的特征可能完全相同，那么它们对于基于内容的推荐系统来说完全无法区分。

（2）无法挖掘出用户的潜在兴趣。基于内容的推荐只依赖于用户过去对某些物品的喜好，因此它产生的推荐也只会和用户过去喜欢的物品相似。

（3）无法为新用户产生推荐。由于新用户没有喜好历史，自然无法获得他的喜好特征，所以也就无法为他产生推荐。

2. 协同过滤推荐

协同过滤（Collaborative Filtering）作为推荐算法中最经典的类型，包括在线协同和离线过滤两部分。所谓在线协同，就是通过在线数据找到用户可能喜欢的物品；而离线过滤，则是过滤掉一些不值得推荐的数据，例如推荐值低的数据，或者虽然推荐值高但是用户已经购买的数据。

协同过滤的模型中，一般只有部分物品之间是有评分数据的，而其他物品的评分是空白的。此时要用已有的部分评分数据来预测那些空白物品的评分数据，找到最高评分的物品推荐给用户。

一般来说，协同过滤推荐分为三种类型：第一种是基于用户（User-Based）的协同过滤，第二种是基于物品（Item-Based）的协同过滤，第三种是基于模型（Model-

Based)的协同过滤。

基于用户(User-Based)的协同过滤主要考虑的是用户和用户之间的相似度,只要找出相似用户喜欢的物品,并预测目标用户对对应物品的评分,就可以找到评分最高的若干个物品推荐给用户。

基于物品(Item-Based)的协同过滤和基于用户的协同过滤类似,只不过这时转向找到物品和物品之间的相似度,只有找到目标用户对某些物品的评分,那么就可以对相似度高的类似物品进行预测,将评分最高的若干个相似物品推荐给用户。例如用户在网上买了一本通信领域的书,网站马上就会向他推荐大量通信和网络相关的书籍,这里就明显用到了基于物品的协同过滤推荐。

基于用户的协同过滤需要在线计算用户和用户之间的相似度关系,计算复杂度比基于物品的协同过滤高,但是可以帮助用户找到新类别的有惊喜的物品。而基于物品的协同过滤,由于物品的相似性一段时间内不会改变,因此可以很容易实现离线计算,准确度一般也可以接受,但在推荐的多样性上很难带给用户惊喜。一般对于小型的推荐系统来说,基于物品的协同过滤肯定是主流。但如果是大型的推荐系统,则可以考虑基于用户的协同过滤,也可以考虑第三种类型——基于模型的协同过滤。

基于模型的协同过滤,是基于样本用户的喜好信息,设计一个推荐模型,然后根据实时用户的喜好信息进行预测推荐,是目前最主流的协同过滤推荐。基于模型的协同过滤需要用机器学习的思想来建模,主流的方法有:关联算法、聚类算法、分类算法、回归算法、矩阵分解、神经网络、图模型和隐语义模型等。

协同过滤推荐通用性强,工程实现简单,推荐效果也不错,因此应用相当广泛。当然协同过滤也有一些难以避免的难题:例如"冷启动"问题,当系统中没有新用户的任何数据时,无法较好的为新用户推荐物品;同时也没有考虑情景的差异,例如根据用户所在的场景和用户当前的情绪进行推荐;也无法得到一些小众用户的独特喜好,而这方面是基于内容的推荐比较擅长的。

3. 混合推荐

基于内容的推荐和协同过滤推荐各有其优点和弊端。在实际应用中,多数推荐系统会综合利用多种推荐算法,即混合推荐。尽可能全面地利用已知的用户信息和物品信息,提高系统的实时性和推荐的准确性、多样性,为用户提供更好的体验。

4.4 移动社交网络

如今人们在生活中越来越多地依赖于移动社交,不仅是与亲朋好友进行文字和语音联络,而且在移动社交平台上还可以进行各种内容分享。利用微信,人们可以把喜欢的内容推送分享给好友;利用微博,"粉丝"可以看到他们关注的博主发出的图文等内容。

4.4.1　社交网络简介

根据用户建立联系的方式,移动社交网络(Mobile Social Network,MSN)可以分为两类:单向关注和互相关注。在单向关注的 MSN 中,例如推特(Twitter)和微博,用户可以关注另外一个用户而不需要经过对方的允许,被关注者也可以不回关。例如一个明星可能有上百万甚至上千万的关注者,但是其中的绝大多数他们在现实生活中并不认识。而在双向关注的 MSN 中,例如微信和脸书(Facebook),两个用户建立联系必须通过一方同意另一方的好友请求的形式。只有建立这种双向的"强连接",两个用户才能进行消息对话以及内容分享。

微信作为目前国内最常用的移动社交平台,拥有广泛的用户和很高的商业宣传价值。与其他移动社交软件相比,微信还有一些"特殊"功能。

(1)朋友圈:在朋友圈中,用户可以对自己的所有好友进行内容分享。在微博上,所有用户都可以看到任何一个博主公开分享的内容。而朋友圈不同,一个用户在朋友圈中分享的内容,只有他的好友可以看到,没有建立好友关系的"陌生人"是看不到的,如图 4.20 所示。

图 4.20　微信朋友圈

（2）选择性分享：微信的朋友圈可以选择只对部分好友可见，或部分好友不可见。这种选择性分享的方式，强化了朋友圈中用户关系的紧密程度。

（3）群聊：通过好友互相邀请，或者扫描二维码的方式，"陌生人"可以加入同一个群聊，进行聊天或是内容分享。群聊为人们组织线上/线下活动提供了诸多便利，如图4.21所示。

图4.21　微信群聊

由于这些特殊功能的存在，通过微信进行内容分享的用户之间，通常具有更加紧密的社会联系。

研究人员利用WeChatNet数据集进行社交网络大数据研究[13]。WeChatNet数据集包含了从2016年1月14日到2月27日期间，2 500多万微信用户的2亿多组HTML 5网页分享信息。每组数据包括：转发该网页的用户标识（Identity，ID）、阅读该网页的用户ID、网页的ID、阅读者的地理位置和时间以及阅读者的阅读行为信息（包括阅读的时长和内容的长短等，可以用来判断用户对该网页的兴趣程度）。通过这些数据，可以发现微信的数据传播具有以下特性：

（1）传播路径不超过6。用户浏览到的绝大多数HTML5网页经过的传播路径长度不超过6。也就是说，绝大多数网页内容从被发布到被某个用户看到，只需要经过不超过6个用户依次转发，如图4.22所示。

（2）用户数和地区的生产总值（Gross Domestic Product，GDP）相关。每个省份的微信用户数量和该省份的GDP大致成正比，如图4.23所示。

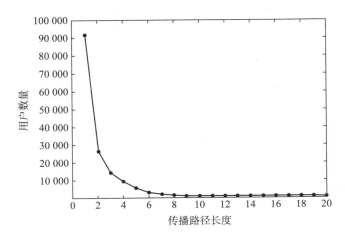

图 4.22　微信中的信息传播路径长度统计

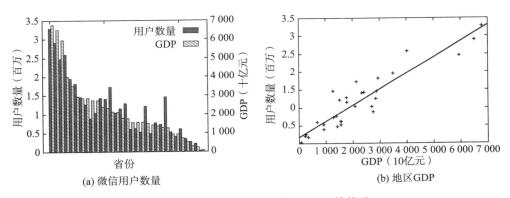

图 4.23　微信用户数量与地区 GDP 的关系

（3）生命周期短。接近半数的微信网页在发布一天后不会再被阅读。用户点击进入网页后阅读的页数也多半只有一两页,但用户阅读的页数越多,随后转发此网页的概率就越大。也就是说,用户阅读的页数越多,他可能对这个网页的内容越感兴趣,如图 4.24 所示。

（4）地域性强。与微博不同,微信的影响力用户并不是由名人或"大 V"组成。微信信息传播的地域性较强,每个省份的影响力用户数量与该省份的微信总用户数量成正比。微信用户分享信息时,大部分也是分享给同一地区的好友。这是由于微信好友关系很大一部分是基于现实的社会关系,现实中的社会关系则与地域密切相关,如图 4.25 所示。

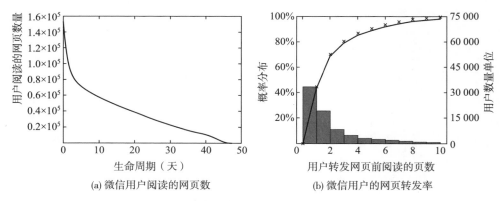

(a) 微信用户阅读的网页数 （b) 微信用户的网页转发率

图 4.24　微信用户网页推送的生命周期

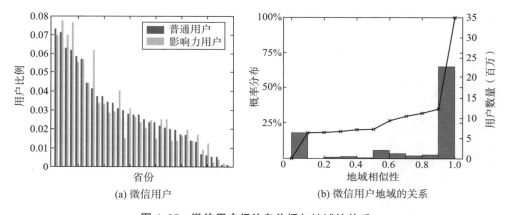

(a) 微信用户 （b) 微信用户地域的关系

图 4.25　微信用户间信息传播与地域的关系

　　在实际应用中,这些特性都会影响到广告投放等商业推广的效果。从商家的角度来看,在不同的社交平台上,如何利用有限的资金,找到能给自己带来最佳宣传效果的意见领袖(Opinion Leader)进行广告投放,成为关键问题。社交网络中的社团发现问题和影响力最大化问题就是其中的重要课题。

4.4.2　社团发现问题

　　社团是指在同一个网络中,一个特定集合的内部节点连接比较紧密,但集合之间节点的连接比较稀疏。在社交网络中,社团反映了人们在现实生活中的关系,例如家人、同学、同事等等。研究社交网络中的社团,有助于了解信息在社交网络中的传播特性。

1. 格文-纽曼(Girvan-Newman,GN)算法

Girvan-Newman 算法认为,由于在社团内部节点之间相互连接的边密度较大,因此可以通过边来识别社团。去除社团之间连接的边之后,留下的就是社团。在 Girvan-Newman 算法中,依次删除网络边介数(网络中经过每条边的最短路径数目)最大的边,直到每个节点单独退化为社团。算法的具体步骤可以表示为:

Step 1:计算网络所有边的边介数;

Step 2:去除边介数最大的边;

Step 3:重新计算现存网络所有边的边介数;

Step 4:若网络没有边存在则算法结束,否则返回 Step 2。

在删除过程中,选取模块度 Q 值最大的结果就认为是最优的社团结构。Q 值能够体现网络划分为社团后社团结构的质量。Q 值越接近于 1,说明社群结构越明显;反之,Q 值越接近于 0,则社团结构不明显。对于同一个社交网络,不同算法可能得到不同的 Q 值,Q 值大则代表该算法效果更好。

2. Fast-Newman 算法

Girvan-Newman 算法的复杂性为 $O(n^3)$,很难处理节点较多的网络。2004年,Newman 又提出了 Newman 快速算法。Newman 快速算法将每一个节点看作一个社团,每次迭代选择产生最大 Q 值的两个社团合并,直到整个网络合并成一个社团。在整个过程可以表示成一个树状图,从中选择 Q 值最大的层次划分获得最终的社团结构。

在 2006 年,Newman 重新定义了模块度 Q 值的计算方式:

$$Q = \frac{1}{2m} \sum_{v,w} \left(A_{v,w} - \frac{k_v k_w}{2m} \right) \delta(c_v, c_w).$$

其中 Q 为模块度,Q 值越大则表明划分效果越好。Q 的取值范围在 $[-0.5,$ 1),当 Q 值在 0.3~0.7 时,说明聚类的效果较好。假设有 x 个节点,目前划分为 N 个社区,节点间共有 m 个边。v 和 w 是其中的任意两个节点。当两个节点直接相连时 $A_{v,w}=1$,否则 $A_{v,w}=0$。k_v 代表的是节点 v 的度,也就是从这个节点出发有几条边。$\delta(c_v, c_w)$ 表示节点 v 和 w 是否在同一个社团内,在同一个社团内则 $\delta(c_v, c_w)=1$,否则 $\delta(c_v, c_w)=0$。

3. 标签传播算法

标签传播算法的基本思想是,通过标记节点的标签信息,来预测未标记节点的标签情况。初始时每个节点拥有独立的不同的标签,每次迭代对于每个节点将其标签更改为其邻居节点中出现次数最多的标签(如果这样的标签有多个,则随机选择一个)。反复迭代,直到每个节点的标签与其邻居节点中出现次数最多的标签相同,则达到稳定状态,此时具有相同标签的节点即属于同一个社团,算法结束。

标签传播算法不需要任何参数输入,而且算法的时间复杂度为线性,收敛速度快,适用于规模较大的复杂网络。

4.4.3 影响力最大化问题

1. 社交网络的基本传播模型

在对社交网络的传播进行建模时,一般采用两种模型:独立级联模型(Independent Cascade Model,IC 模型)和线性阈值模型(Linear Threshold Model,LT 模型)。

在 IC 模型中,处于激活状态的节点以一定的成功概率试图激活其邻居节点,如果失败,则这次激活的影响被抛弃。在算法实现中,给定初始激活节点集合,在时刻 t,已经被激活的节点 v 可以对其邻居 u 产生影响,成功的概率为 p,且该概率不受其他节点影响。概率 p 的值越大,u 越有可能受到影响。如果 u 有多个邻居节点都是在 $t-1$ 时刻被激活,这些节点将在 t 时刻轮流尝试激活 u,若节点 v 成功激活 u,则在 $t+1$ 时刻节点 u 成为活跃节点,之后 u 节点对自己的邻居节点产生影响。也就是说,当身边的朋友向我推荐一件商品时,我被推荐成功的概率仅仅受到我对此时向我推荐的单个朋友的信赖度的影响,而与有几个朋友向我推荐过无关。因此,在 IC 模型中,每个已激活节点对未激活节点的影响都是独立的。

在 LT 模型中,考虑传播过程中的影响累积。当一个已激活的节点试图激活邻居节点而没有成功时,其对邻居节点的影响力被累积,这个贡献直到节点被激活或传播过程结束为止。在算法实现中,初始时每个节点被随机(或者按一定分布)分配一个阈值,阈值越大表示该节点越不容易受到影响,反之,阈值越小越容易受到影响。初始激活节点集合中的每个节点被任意分配一个影响力值,表示对邻居节点有多大影响力。在 t 时刻,如果未被激活的节点 u 的邻居节点的影响力之和大于 u 的阈值,则 u 被激活,下一时刻开始 u 节点再对自己的邻居产生影响。对应现实生活中的情况,LT 模型认为,当朋友们向我推荐一件商品时,每个朋友的推荐对我产生的影响会累积起来,作为我是否会被推荐成功的判断。

2. 影响力最大化算法

社交网络的影响力最大化问题指如何选取 k 个种子节点进行传播,利用节点之间的交互行为,使得最终传播的影响范围最大。2003 年,Kempe 和 Kleinberg 等人证明了影响力最大化问题是一个非确定性多项式完全问题(Non-deterministic Polynomial Complete Problem,NP-C),并提出了用贪心算法来解决。

设最终要计算的种子节点集合为 S_k,$I(S_i)$ 为种子节点集合 S_i 最后被激活的节点,$m(u|S_i)=|I(S_i \bigcup u)|-|I(S_i)|$,表示 u 作为种子节点添加到集合带来的影响范围的增量。算法的具体步骤可以表示为:

Step 1：初始时 $S_0 = \phi i = 1$；

Step 2：选取 $s = \text{argmax}_v m(v|S_{i-1})$ 作为种子节点；

Step 3：令 $S_i = S_{i-1} \bigcup \{s\}$，$i = i+1$；

Step 4：若 $i = k$ 则算法终止，否则返回 Step 2。

在贪心算法中，每一步都需要计算每个未激活节点作为种子节点能带来的影响范围增量 $m(u|S_i)$。这个过程非常耗时，因此无法直接用于大型网络。

由于贪心算法的时间复杂度较高，研究人员们又开发出了许多启发式算法，来解决大型社交网络的影响力最大化问题，算法的时间复杂度与贪心算法相比大大降低，例如 DegreeDiscount 算法和 PageRank 算法，都可以用在影响力最大化问题中。北京大学的研究团队还针对国内最常用的社交平台——微信的信息传播特点，提出了一种通过观察用户对信息扩散过程的局部贡献来计算影响的选举算法，能够得到近似最优的结果，且时间开销显著优于贪心算法。

启发式算法通常简单、高效，但准确性较差，难以得到最优解。贪心算法的准确性较高，但复杂度也很高，无法应用于大规模网络。因此近年来也有不少人研究混合方法，将启发式算法和贪心算法相结合。例如先用启发式算法筛选出一批有潜力的、影响力较大的节点，再用贪心算法在这些节点的邻域来寻找更优的解。混合方法既将两种算法进行了结合，同时，也在算法的准确性和效率之间寻找平衡。

习　题

1. 对 IC 模型和 LT 模型进行比较分析。你认为生活中的哪些场景更符合 IC 模型或 LT 模型？

2. 用伪代码表示 DegreeDiscount 算法和 PageRank 算法。

3. 对其他经典的社交网络中的影响力最大化算法进行调研，并比较这些算法的优缺点。

第 5 章　5G 与移动物联网

　　物联网是一种带有传感标识器的智能感知信息网络系统,促进了世界上物与物、人与物、人与自然之间的对话与交流,实现对物理和虚拟世界的信息进行处理并做出反应的智能服务系统。它是继计算机、互联网和移动通信网之后发展的一门新技术,是全球信息化发展的新阶段,实现了数字化向智能化的过渡与提升。物联网已成为网络和通信技术发展的新趋势,"万物互联"无疑将为我们未来的生活带来新的变化。

5.1　5G 通信介绍

　　第五代移动通信技术(5th Generation Mobile Networks,5G)是最新一代蜂窝移动通信技术,也是继 4G(LTE-A、WiMax)、3G(UMTS、LTE)和 2G(GSM)系统之后的延伸。5G 的目标是高数据传输率、低延迟、低能耗、低成本、高系统容量和大规模设备连接。既然 4G 网络的速度已经能够满足人们日常需求,那为什么还需要 5G 呢?其实,目前 4G 通信有一个硬伤,就是网络拥塞!

　　随着每个人平均拥有的移动设备的增多,越来越多的设备接入云端,网络拥塞已经成为人们必须面对的问题,例如在人群比较密集的场所网络会瘫痪。要想实现万物互联,就必须跨过 4G 网络拥塞这一道难关。

　　4G 网络的拥塞是因为信息的传输率大于信道容量导致的,5G 的解决方案就是加大带宽,利用毫米波、大规模多输入多输出、3D 波束成形和小基站等技术,实现比 4G 更快的速度,更低的时延和更大的带宽,可以同时连接千亿个设备。

　　未来 5G 时代的生活:在车上,人们享受着自动驾驶的同时,用全息技术和父母聊天交流;当回到家,空调自动调好适宜的温度,灯光自动调到最温馨的亮度;躺在沙发上,可以享受虚拟现实(Virtual Reality,VR)带来的身临其境的体验……这样的场景以前只能在电影中看到,但是如今有了 5G,这样的生活已经不再遥远。

5.1.1　5G 通信简介

5G 是第五代移动通信技术的简称,是 4G 的延伸,由于应用场景广泛而备受期待。随着我国 4G 的发展和普及,优质的数据传输效率和速度使得用户体验越来越好。未来,5G 将为人与人、人与物以及物与物之间提供安全自由的联通,真正地实现万物互联,如图 5.1 所示。5G 标准主要由 ITU 领导,3GPP 主要负责技术标准和规范的具体设计和执行。

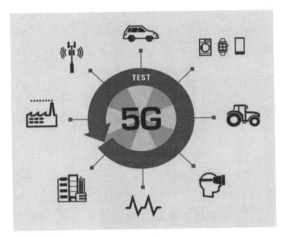

图 5.1　5G 让万物互联成为可能

5.1.2　5G 关键技术——大规模天线技术

1. 大规模 MIMO 技术概述

大规模多天线技术,也就是大规模 MIMO(Massive MIMO,mMIMO)技术。本书的第四章中介绍了 MIMO 技术,这项技术通过使用多路收发天线来增加通信系统的可靠性和容量。这项技术被广泛应用于 4G 中。但是在传统 MIMO 技术中使用的天线数量较少,一般是 4 个或者 8 个,这大大限制了系统的通信容量。于是在 5G 通信系统的研究中,人们提出了大规模 MIMO 技术的概念,天线数量增加到成百上千个,随着天线数量的增加,通信容量随之增加。理论上,大规模 MIMO 技术的通信容量是无限的。

具体来讲,大规模 MIMO 技术有如下特点:

(1)信道容量大。大规模 MIMO 技术利用波束赋形技术,在基站端布置上百根天线,通过调节各个天线发射信号的相位,从而在同时同频的情况下,对不同的目标终端发送不同的信息,这大大提升了频谱的利用率和信道容量。

（2）终端复杂度低。大规模 MIMO 技术将复杂的运算放在基站端进行。

（3）功耗低。在传统 MIMO 技术中，由于天线数量少，并且增益小，在满足一定小区覆盖范围的条件下，会用到几十到上百瓦的射频组件以及配套的散热措施，功耗较大。在大规模 MIMO 技术中，天线数量多，信号叠加增益大，只需要用到毫瓦级别的射频组件就能满足一定的小区覆盖要求，相对而言，功耗大大降低，硬件成本也相应降低。

（4）线性设计。大规模 MIMO 技术中，由于天线数量多，可以平均掉衰落、小区内干扰和噪声。概率统计方法诸如大数定律、中心极限定理等可用于信道分析，人们不再需要在预编码阶段使用非线性方法来独立分析每个天线以减少干扰，简单的线性编码即可实现良好的系统性能，算法复杂度低。

（5）低延时。大规模 MIMO 技术中，由于衰落、小区内干扰和噪声的减少，信道变得更好，对抗衰落的过程简化，由对抗衰落的复杂机制带来的时延大幅降低。

（6）可靠性高。发射机/接收机配备的天线越多，可能的信号路径就越多，数据速率和链路的可靠性也就越好。

2. 关键技术

大规模 MIMO 中用到的关键技术主要包括波束赋形技术和 MIMO 技术，MIMO 相关的内容在前面章节已经进行了介绍，接下来主要介绍的是波束赋形技术。

波束就是天线发射出来的电磁波在地球表面形成的形状。这种说法可能有点抽象，光束大家肯定不陌生，手电筒发出的光就可以被看作光束。和光束一样，当所有波的传播方向都一致时，即形成了波束。事实上，光束也是一种波束。

在无线通信过程中，无线通信电磁波的信号能量在发射机由天线辐射进入空气，并在接收端由天线接收。其中，天线的特性决定了电磁波的辐射方向。在本书中将使用天线方向图来描述天线的方向性。天线方向图指的是在离天线一定距离处，辐射场的相对场强（归一化模值）随方向变化的图形。

传统的天线方向性弱，每个方向的电磁波辐射强度差别不大，所以通信过程中会把信号能量向四周散射，小区内所有用户共享单个频谱池，在人口稠密地区就会出现性能瓶颈。同时，为了覆盖一定的小区范围，其发射功率和硬件成本都很高昂。波束赋形技术中应用到了辐射方向性很强的天线，这种天线往往能够在某些方向辐射较强的信号能量，所以能够实现向某个特定目标发射信号的功能。

但在实际应用中，这类天线往往体型巨大，需要转动天线才能改变辐射方向，并不适用于终端位置不固定的移动通信系统。因此，实用的波束赋形方案使用的是智能天线阵列[11]。传统天线和波束赋形中用到的天线的辐射方向对比如图 5.2 所示。

智能天线阵列实现波束赋形的原理并不复杂：两个波源产生的两列波互相干

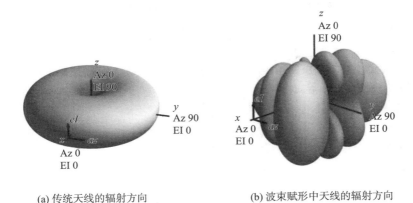

(a) 传统天线的辐射方向　　　　　　　(b) 波束赋形中天线的辐射方向

图 5.2　不同天线辐射方向图对比

涉时,有的方向两列波互相增强,而有的方向两列波正好抵消。通过控制天线阵列中多个波源之间的相对延时和幅度就能让电磁波辐射的能量集中在一个方向,而在其他方向电磁波辐射能量小,从而减少对其他接收机的干扰。

通过改变波源之间的相对延时和幅度还可以实现天线辐射方向的改变,从而实现对移动终端的跟踪,如图 5.3 所示。

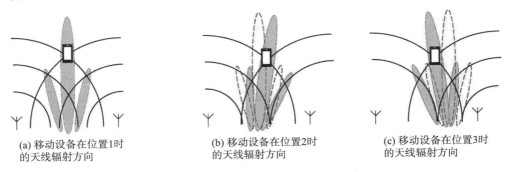

(a) 移动设备在位置1时　　　(b) 移动设备在位置2时　　　(c) 移动设备在位置3时
　的天线辐射方向　　　　　　的天线辐射方向　　　　　　的天线辐射方向

图 5.3　波束赋形技术实现目标跟踪示意图

5.1.3　5G 技术的应用场景

ITU 定义了 5G 的三个主要应用场景:增强型移动宽带(Enhanced Mobile Broadband,eMBB)、大连接物联网(Massive Machine-Type Communication,mMTC)和低时延高可靠通信(Ultra-Reliable & Low Latency Communication,URLLC)。

eMBB 场景主要还是追求人与人之间极致的通信体验,对应的是 3D/超高清视频等大流量移动宽带业务;mMTC 和 URLLC 则是物联网的应用场景,mMTC

主要体现物与物之间的通信需求,面向智慧城市、环境监测、智能农业、森林防火等以传感和数据采集为目标的应用场景;URLLC 应用于对时延和可靠性具有极高要求的场景,例如车联网、工业控制等垂直行业的特殊应用需求。

5G 的关键技术:5G 由"标志性能力指标"和"一组关键技术"来共同定义。标志性能力指标为"Gbps 用户体验速率";一组关键技术包括大规模天线阵列、超密集组网、新型多址、全频谱接入和新型网络架构等。

与 2G 萌生数据、3G 催生数据、4G 发展数据不同,5G 是跨时代的技术。5G 除了更极致的体验和更大的容量外,它还将开启物联网时代,渗透进各个行业。它将和大数据、云计算、人工智能等一道迎来信息通信时代的黄金 10 年。

5.1.4 5G 的典型商用场景

1. 云 VR/AR

虚拟现实(Virtual Reality,VR)和增强现实(Augmented Reality,AR)业务对带宽的需求是巨大的,如图 5.4 所示。高质量 VR/AR 内容处理走向云端,满足用户日益增长的体验要求的同时降低了设备价格,VR/AR 将成为移动网络最有潜力的大流量业务。虽然现有 4G 网络平均吞吐量可以达到 100 Mbps,但一些高阶 VR/AR 应用需要更高的速度和更低的延迟。

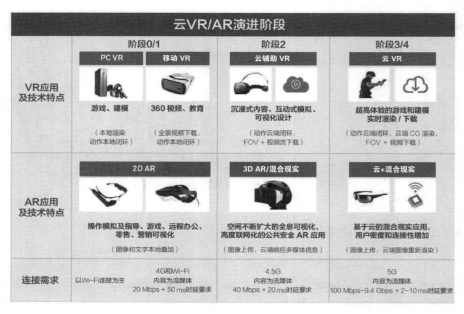

图 5.4 5G 在云 AR/VR 的应用

2. 车联网

传统汽车市场将彻底变革,因为联网的作用超越了传统的娱乐和辅助功能,成为道路安全和汽车革新的关键推动力。驱动汽车变革的关键技术——自动驾驶、编队行驶、车辆生命周期维护、传感器数据众包等都需要安全、可靠、低延迟和高带宽的连接,这些连接特性在高速公路和密集城市至关重要,如图 5.5 所示,只有 5G 可以同时满足这样严格的要求。

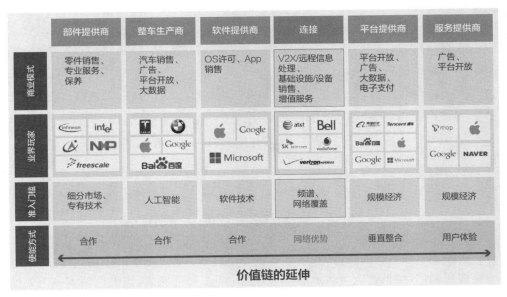

图 5.5　5G 在车联网的应用

3. 智能制造

创新是制造业的核心,其主要发展方向有精益生产、数字化、工作流程以及生产柔性化。传统模式下,制造商依靠有线技术来连接应用。近些年来,Wi-Fi、蓝牙和 WirelessHART 等无线解决方案也已经在制造车间立足,但这些无线解决方案在带宽、可靠性和安全性等方面都存在局限性。在智能制造中,灵活、可移动、高带宽、低时延和高可靠的通信是基本的要求,只有 5G 可以满足这样的要求,如图 5.6 所示。

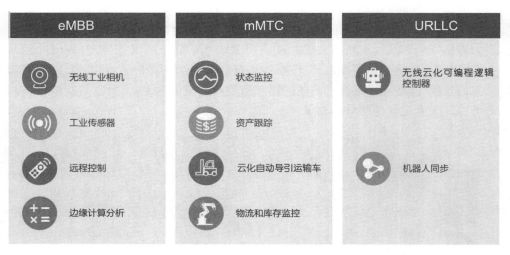

图 5.6 5G 在智能制造中的应用

5.2 移动物联网的关键技术

随着生活水平的提高,人们对家居的需求除了满足基本的生活外,还希望能够更加智能化,使得家居生活更加安全舒适。有了智能家居,当人们结束一天繁忙的工作回到家时,家门可以通过语音识别或人脸识别自动为主人敞开,空调可以自动将房间调整为舒适的温湿度,热水器可以自动准备好洗漱的热水,该是多么便利和舒适!

家居智能化的概念早在 20 世纪 90 年代就被提出。近年来,随着物联网技术的发展,智能家居的构想逐渐成为现实,许多智能家居产品也进入了市场,走进人们的生活,如图 5.7 所示。

物联网技术能为人们带来的不仅是更舒适的智能家居,还有更便利的智能交通,更高效的智慧医疗等等。随着 5G 通信时代的到来,物联网的应用场景越来越多,如图 5.8 所示,物联网时代离人们已经越来越近。

传统思想中物体之间都是单独存在的,他们之间不存在任何形式上交汇。但在物联网思维下,物体不再是单独的存在,更多的是相互之间通过网络进行连接,并且覆盖网络的范围也不再局限于一个单独的时空环境,而是扩展到了更大乃至全球范围。将多种多样的物体联系在一起,能够形成一个庞大的系统,其中所获得的信息也必将是海量的。

图 5.7　智能家居

　　事实上,物联网的实现与应用不只是与单纯的技术有关,当前阶段已经具备了物联网的相关基础技术,并且很多技术已经逐渐走向了成熟,物联网的发展也从技术应用发展到产业推广的阶段,只有将物联网逐渐应用到社会生活的各个方面,才能促进物联网的进一步发展。

交通
物流调度、定位导航

电力
远程抄表、负载监控

农业
动物溯源、大棚监控

城市管理
电梯监控、路灯控制

安全
平安城市、企业安防

环保
污染监控、水土检测

企业
生产监控、设备管理

家居
老人看护、家庭安防

图 5.8　物联网的应用

5.2.1　车联网中的 V2X

在车联网中,车载设备通过无线通信技术获取网络平台上所有车辆的动态信息,在车辆运行中提供服务。

车用无线通信技术(Vehicle-to-Everything,V2X)是将车辆与一切事物相连接的新一代信息通信技术,其中 V 代表车辆,X 代表任何与车交互信息的对象。这种技术允许车辆与其他车辆、行人、路边设备和互联网通信。通过使用 V2X 技术,车辆之间可以交换关键信息,从而避免事故。此外,V2X 提供了对云数据的可靠访问。例如,可以提供实时交通、传感器和高清地图数据,这不仅对人工驾驶来说十分有用,对今后自动驾驶更是至关重要。

2010 年,美国颁布了以 IEEE 802.11p 作为底层通信协议和 IEEE 1609 系列规范作为高层通信协议的 V2X 标准(WAVE 系统标准),该通信协议主要用于车用电子的无线通信。

2017 年,3GPP 发布了 Release 14 版本的 V2X 标准,这项标准可以扩展以支持更广泛、更丰富的服务范围;从低带宽的安全应用到高带宽的安全应用。

在 2018 年,3GPP 确定了 V2X 技术版本 Release 15 标准,这是一个适用于 5G 的 V2X 标准,至此,3GPP 达到了全新的复杂程度和规模,为全球通信服务提供商提供了从 4G 升级至 5G 的一整套技术迁移选项。

2020 年,3GPP 确定了最新的 V2X 版本 Release 16 标准,这个版本兑现了 5G 最初承诺的更大的范围、更高的密度、更高的吞吐量和可靠性、更高的精确度和更低延迟等特性,第一次带来了完整的、并且能够运用于更多行业和场景的 5G 服务。

1. V2X 的类型

V2X 包括三种类型:① 车对车(Vehicle-to-Vehicle,V2V)通信;② 车对基础设施(Vehicle-to-Infrastructure,V2I)通信;③ 车对行人(Vehicle-to-Pedestrian,V2P)通信。

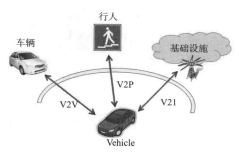

图 5.9　V2X 的三种类型

（1）V2V 通信。V2V 是一种基于广播的服务，支持 V2V 应用程序的用户终端（User Equipment，UE）传输的是应用层信息（例如它的位置、动态和属性）。它可以在不同的 UE 之间直接交换信息。同时，由于直接通信范围有限，不同 UE 之间还可以通过基础设施例如路侧单元（Rood Side Unit，RSU）交换车联网相关的应用信息。

（2）V2I 通信。在车联网通信中，支持车联网应用程序的 UE 向路侧单元发送应用层信息。RSU 将应用层信息发送给支持 V2I 应用程序的一组 UE 或单个 UE。

在 Release 14 标准中还引入了车对网络（Vehicle-to-Network，V2N）通信，其中一方是 UE，另一方是服务实体，二者都支持 V2N 应用程序，并且通过 LTE 网络相互通信。

（3）V2P 通信。在 V2P 通信中，支持 V2P 应用程序的 UE 传输的也是应用层信息。这些信息可以由具有 UE 支持 V2X 服务的车辆（例如，向行人发出警告）传送，也可以由具有 UE 支持 V2X 服务的行人（例如，向车辆发出警告）传送。V2P 包括不同 UE 之间（一个用于车辆，另一个用于行人）直接通信，也包括由于 V2P 的直接通信范围有限，通过基础设施（例如 RSU）在不同的 UE 之间的信息交换。

2. 5G 时代的 V2X

为了在一个平台满足多样化的、严格的通信要求，适用于蜂窝车联网的无线空中接口必须具有高灵活性、高容量、高速率等特点。于是 3GPP 的 Release15 标准引入了 5G，5G 的新空口（New Radio，NR）具有如下特性：

（1）支持可伸缩的正交频分复用（OFDM）算法；

（2）具有灵活的自包含 TDD 子帧；

（3）支持大规模多输入多输出（MIMO）；

（4）低延迟、高可靠性、高频谱效率和大数据吞吐量。

在最近发布的 V2X 协议版本中，有下面几项关键技术：

（1）MIMO。

① 增强多用户 MIMO（Multi-User MIMO，MU-MIMO），支持更高的等级、支持多传输接收点（Transmission Reception Point，TRP）；

② 更好的多波束管理，提高了链路可靠性（对于毫米波波段非常重要）；

③ 改进参考信号，降低了峰值平均功率比（Peak-to-Average Power Ratio，PA-PR）；

④ 支持全功率上行链路，提高了小区边缘的覆盖率。

（2）增强型低时延高可靠通信。

① 改进的混合自动重传请求（Hybrid Automatic Repeat reQuest，HARQ）

技术；

② 设备间业务复用；

③ 协同多点(Coordinated Multiple Point,CoMP)传输技术；

④ 设备内部信道优先级；

⑤ 增加冗余通信路径，因此即使在一条路径被暂时阻塞的情况下，利用剩余的路径也可以不中断通信从而增加可靠性；

⑥ 更灵活的调度安排。

（3）新节能功能。

① 唤醒信号(Wake-up Signal,WUS)可以让设备知道传输是挂起状态还是保持在低功率运行状态下；

② 增强的跨时隙调度；

③ 自适应 MIMO 层缩减；

④ 低功耗聚合控制；

⑤ 低功耗模式组；

⑥ 设备辅助节能；

⑦ 宽松的无线资源管理功能。

（4）集成接入和回传(Integrated Access and Backhaul,IAB)，如图 5.10 所示。

① 允许基站为设备提供无线接入和无线回传连接，消除对有线回传的需要；

② 允许运营商快速增加新的光纤密度，以提高新的光纤传输能力；

③ 低成本，使得基站之间的无线传输成为可能。

 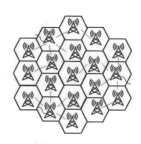 

(a) 早期5G NR毫米波　　(b) 利用IAB扩大5G毫米波覆盖范围　(c) 通过额外光纤支持流量快速增长

图 5.10　IAB 示意图

（5）未授权频谱。

① 允许 5G 在未授权的频谱中运行，从而扩大 5G 的业务范围；

② 未授权频谱的 5G 新空口(5G New Radio in Unlicensed Spectrum,5G NR-

U)有两种工作模式,锚点 NR-U(Anchored NR-U)需要在许可或共享频谱中使用;独立 NR-U(Standalone NR-U)只使用未授权频谱,不需要任何许可频谱。

(6) 非公共网络(Non-Public Network)。

① 采用独立管理的专用资源,例如小型基站,提供了安全性和隐私性;

② 允许敏感数据留在本地;

③ 为本地应用程序提供更低的延迟,适用于工业物联网等应用。

(7) 时间敏感网络(Time-Sensitive Networking,TSN)。

① 使用广义精确时间同步协议(Generalized Precision Time Protocol,gPTP);

② 配置 TSN 映射到 5G 服务质量(Quality of Service,QoS)框架中,可以进行确定性消息传递和流量整形;

③ 可以通过头压缩提供以太网帧的高效传输。

此外,5G 也正在向端到端的基础设施发展,致力于在不同应用场景中提供一致的用户体验质量,所以它使用包括 5G 无线电、3G、4G、Wi-Fi、低功率广域网络(Low-Power Wide-Area Network,LPWAN)和固定网络在内的多种网络。还引入了网络功能虚拟化(Network Function Virtualization,NFV)、软件定义网络(Software Defined Network,SDN)、控制与用户面分离(Control and User Plane Separation,CUPS)、移动边缘计算(Mobile Edge Computing,MEC)、网络切片、自动化和开发与操作等技术,提高了系统的灵活性,并将当前的整体核心网络变为为不同类型的服务动态分配虚拟资源的共享池。

3GPP 采用 NFV 支持 5G,允许跨计算、内存/存储和网络的资源共享和动态可伸缩性。SDN 也是 3GPP 最新规范的一部分,以支持 CUPS 并允许程序访问以便控制数据流,提供集中控制平面,降低网络结构的成本使得粒度达到包级别。

5G 网络还将使用 MEC。在欧洲电信标准学会(European Telecommunications Standards Institute,ETSI)对 MEC 的定义中,介绍了网络边缘的云托管环境的概念,它允许部署更接近用户和设备的虚拟化网络功能和第三方应用程序。人们可以通过一组应用程序接口(Application Programming Interface,API)调用这个系统。

网络切片允许网络运营商定义不同类型的服务,并通过配置不同的网段动态分配适当的资源来支持这种端到端的服务。利用网络切片技术,可以将一个物理网络划分为多个虚拟网络,每个虚拟网络支持不同的服务需求,甚至支持不同的客户。虚拟化与 SDN 和网络切片结合,使网络能够以动态的方式向不同的网络切片分配资源,并通过每个切片的不同虚拟功能动态地重新路由流量。分配的资源数量可以根据网络的情况进行调整。此外,来自同一个切片的流量不会影响来自其他切片的流量。切片的管理可以委托给第三方。

最后,5G 系统的管理将更加智能化。从持续集成/持续交付(Continuous Integration/Continuous Delivery,CI/CD)开始,供应商开发的新网络功能通过编程接口传递给网络运营商。接下来,这些功能将通过一个标准的自动化环境集成或测试并部署在实时网络中,该环境将负责这些功能的装载、实例化、生命周期管理、更新/升级和终止。DevOps 系统与分析相关联,收集事件来监视网络和服务,并提供建议或触发操作来自动重新配置网络。

3. 5G 时代 V2X 应用场景

5G 时代,3GPP 的 SA WG1 小组还确定了支持增强的 V2X 用例的第一阶段要求,就场景而言主要包括四个方向:① 车辆编队;② 车辆、道路站点单元、行人设备和 V2X 应用服务器之间的数据交换;③ 实现半自动或全自动驾驶;④ 远程驾驶。

(1)车辆编队。车辆编队可以让车辆动态地组成一个队列,一起行进。队列中的所有车辆从领头车辆处获取信息,对队列进行管理。这些信息使车辆以协调的方式紧密地排列在一起向同一方向同时行驶。

车辆编队使车辆能够紧密地在一起安全行驶,减少了高速公路上车辆的使用空间,能让更多的车辆在没有交通堵塞的情况下顺畅通行。

(2)车辆、道路站点单元、行人设备和 V2X 应用服务器之间的数据交换。扩展的传感器能够在车辆、道路站点单元、行人设备和 V2X 应用服务器之间交换通过本地传感器或实时视频图像采集的原始或处理后的数据,可以增加他们对环境的感知,获得超出他们自己的传感器检测范围的数据,并对当地的情况拥有一个更广泛的整体的认识。高数据传输率是其关键特征之一。

(3)实现半自动或全自动驾驶。每辆车或者 RSU 与邻近的车辆共享其从本地传感器获得的感知数据,从而使车辆同步和协调其轨迹或行驶状态。

(4)远程驾驶。远程驾驶员或 V2X 应用程序为不能自主驾驶的乘客或处于危险环境中的车辆进行远程操作。对于变化有限且路线可预测的情况,例如公共交通,可以使用基于云计算的驾驶方式。高可靠性和低延迟是其主要要求。

5.2.2 窄带 IoT 技术

窄带物联网(NarrowBand Internet of Things,NB-IoT)是物联网领域的一个新兴技术,支持低功耗设备在广域网的蜂窝数据连接,因此也被叫作低功耗广域网(Low Power Wide Area Network,LPWAN)。NB-IoT 构建于蜂窝网络,只消耗大约 180 kHz 的带宽,可直接部署于 GSM 网络、UMTS 网络和 LTE 网络,以降低部署成本,实现平滑升级。NB-IoT 支持待机时间长、对网络连接要求较高的设备的高效连接,同时还能提供非常全面的室内蜂窝数据连接。

通常可以分为三类:

（1）无须移动性，大数据量（上行），需较宽频段的物联网设备。例如城市监控摄像头。

（2）移动性强，需执行频繁切换，小数据量的物联网设备。例如车队追踪管理。

（3）无须移动性，小数据量，对时延不敏感的物联网设备。例如智能抄表。

NB-IoT 正是为了应对第三种物联网设备而生。NB-IoT 源起于现阶段物联网的以下几大需求：① 覆盖性增强（增强 20 dB）；② 支持大规模连接，100K 终端/200 kHz 小区；③ 超低功耗，10 年电池寿命；④ 超低成本；⑤ 最小化信令开销，尤其是空口；⑥ 确保整个系统的安全性，包括核心网；⑦ 支持 IP 和非 IP 数据传送；⑧ 支持短信（可选部署）。

对于现有 LTE 网络，并不能完全满足以上需求。例如在覆盖需求上，以水表为例，设备所处位置的无线环境差，与智能手机相比，位置高度差导致信号差 4 dB。再盖上水表盖子，额外增加了约 10 dB 左右损耗，所以需要增强 20 dB。在大规模连接上，物联网设备太多，如果用现有的 LTE 网络去连接这些海量设备，会导致网络过载。

NB-IoT 有自己的特点，例如不再有 QoS 的概念，因为现阶段的 NB-IoT 并不打算传送时延敏感的数据包，像实时 IP 多媒体子系统（IP Multimedia Subsystem，IMS）一类的设备，在 NB-IoT 里不会出现。因此，3GPP 另辟蹊径，在 Release 13 制定了 NB-IoT 标准来应对现阶段的物联网需求，在终端支持上也多了一个与 NB-IoT 对应的终端等级——Cat-NB1。

NB-IoT 可集成于现有的 LTE 之上，很多地方是在 LTE 的基础上专为物联网而优化设计的。尽管二者紧密相关但从技术角度看，NB-IoT 却是独立的新空口技术。

为了提升 NB-IoT 的小数据传输效率，3GPP SA2 工作组于 2015 年 7 月开始研究蜂窝物联网（CIoT）演进分组系统（Evolved Packet System，EPS）优化构架，提出了 CIoT EPS 需支持四大功能：① 支持超低功耗物联网终端；② 支持每小区连接大量物联网设备；③ 支持窄带频谱无线接入技术；④ 支持物联网增强覆盖。并进行功能简化，裁剪了 LTE EPS 的四项功能：① 不提供紧急呼叫服务；② 不支持流量卸载，如本地 IP 接入（Local IP Access，LIPA）和选择性 IP 流量卸载；③ 在 EPS 连接管理上，只支持 IDLE 模式下的重选，不支持 CONNECTED 模式下的切换；④ 不支持建立 GBR 承载和专用承载。

最终，3GPP 提出了两种优化方案：控制面优化传输方案（ C-Plane CIoT EPS optimization）和用户面优化传输方案（U-Plane CIoT EPS optimization），如图 5.11 所示。对于物联网终端，必须支持控制面优化传输方案，可选支持用户面优化传输方案。

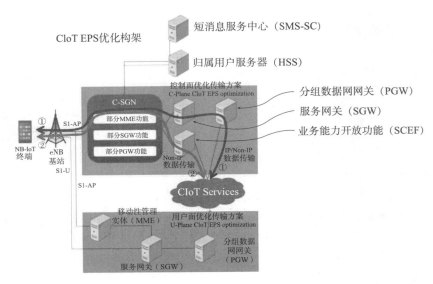

图 5.11　控制面优化传输方案和用户面优化传输方案

1. NB-IoT 的优化

（1）控制面优化传输方案，使得小数据包可以传输于控制面上，数据以非接入层协议数据单元（Non-Access Stratum Protocol Data Unit，NAS PDU）的格式封装于控制面信令消息来传输，其概念如同商场购物，若消费者只购买少量商品，可经由指定的快速通道结账。这一方案可在传输数据时减少控制面信令开销，因此有助于降低终端功耗和减少使用频带。

控制面优化传输方案支持 IP 数据和非 IP 数据传输，传输路径可分为两条：

① 通过 SGW 传送到 PGW 再传送到应用服务器；

② 通过业务能力开放功能（Service Capability Exposure Function，SCEF）连接到应用服务器，该路径仅支持非 IP 数据传输。

根据传输路径和是否支持 IP 数据传输，可分为三种传输模式：

① 传输路径 1（IP 数据传输），传输路径为 SGW 到 PGW 再到应用服务器，可沿用现有的 IP 通信技术快速部署 NB-IoT，缺点是安全性低，且不经过 SCEF，电信运营商仍为管道角色。

② 传输路径 1（非 IP 数据传输），传输路径仍为 SGW 到 PGW 再到应用服务器，但由于已无 IP 地址传输数据包，因此在 PGW 上必须要有 NB-IoT 终端的 ID 与接入层面（Access Stratum，AS）的 IP 地址＋端口号的对应关系，才能将数据包

正确传送,这种方式称为 UDP/IP 的点到点隧道协议(Point-to-Point Tunneling Protocol,PPTP)。隧道的参数,也就是目的地 IP 地址与 UDP 端口号需事先配置于 PGW 上,对 NB-IoT 终端和 AS 之间传送的数据来说,PGW 是一个透明的传输节点。这种方式安全性高且省电,但需要开发新的点到点隧道技术。

③ 传输路径 2(非 IP 数据传输),即通过 SCEF 传输非 IP 数据,这条路径仅支持非 IP 数据传输,属于非 IP 数据传输专属的解决方案。这种方式优点较多,安全性高、省电,且运营商能创造新的商业价值,但需要新建 SCEF 网元节点,需开发新的 API 技术。

SCEF 为 NB-IoT 新增加的节点,其通过 API 向 AS 提供服务,而非直接发送数据,使得电信运营商不再只是管道,而是可以将业务能力安全地开放给第三方业务供应商,实现对物联网的大数据分析以创造新的商业价值。

CSGN,即 CIOT 服务网关节点(CIoT Serving Gateway Node,CSGN),是控制面优化传输方案引入的新节点,该节点是由 LTE EPS 的控制面节点 MME、用户面节点 SGW 和 PGW 的最小化功能合并而成的单个逻辑实体,CSGN 功能也可以部署在现有的 EPS 的移动性管理实体(Mobility Management Entity,MME)中。

HLCom 机制,即支持高延迟通信的优化(Optimization to Support High Latency Communication,OSHLC),该机制将下行数据缓存在 SGW 中。由于 NB-IoT 终端通过 PSM 和 eDRX 等技术来间歇性接收数据,以达到省电的目的,当 NB-IoT 终端在休眠状态时,SGW 将下行数据缓存,直到终端被唤醒后才将这些缓存的数据下发给终端。

(2)用户面优化传输方案。数据传输的方式与 LTE EPS 一样采用用户面承载,但是,该优化方案在 RRC 层引入了挂起(Suspend)和恢复(Resume)两种新状态以适应物联网数据的间歇传输特性,同时要求 NB-IoT 终端、eNB 和 MME 存储连接信息,以快速恢复重建连接,简化信令流程,提升传输效率。这样一来,承载以按需的方式建立,因而可降低终端功耗和支持单小区大规模物联网设备连接。该方案除了支持现有 EPS 功能外,还支持 PGW 传输非 IP 数据。

如图 5.12 所示,挂起过程由 eNB 激活,释放 NB-IoT 终端与 eNB 之间的 RRC 连接,eNB 与 SGW 之间的 S1-U 承载。

eNB 首先发送用户设备上下文挂起请求(UE Context Suspend Request,UCSR);并通过 MME 向 SGW 发起释放与 NB-IoT 终端相关的承载信息。SGW 释放 eNB 与 NB-IoT 终端相关的 S1U 承载。具体而言,SGW 仅释放 eNB 地址和下行隧道端点标识符(Tunnel Endpoint Identifier,TEID),并继续存储其他信息。承载释放完成后,eNB 通过 MME 接收用户设备上下文挂起响应通知。eNB 存储 NB-IoT 终端的接入层面信息、S1-AP 连接信息和承载信息,并向 NB-IoT 终端发送无

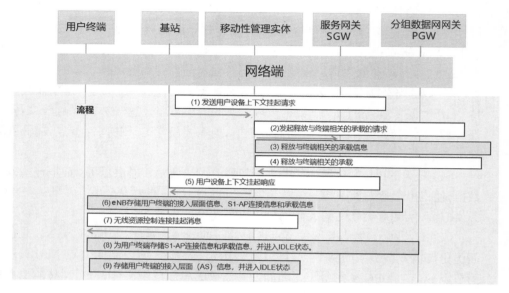

图 5.12　RRC 挂起流程

线资源控制连接挂起消息。MME 为 NB-IoT 终端存储 S1-AP 连接信息和承载信息,并进入 IDLE 状态。当接收到来自 eNB 的无线资源控制连接挂起消息后,NB-IoT 终端存储接入层信息,并进入 IDLE 状态。

如图 5.13 所示,恢复过程重新建立处于挂起状态的 NB-IoT UE 与 eNB 之间的 RRC 连接,eNB 与 SGW 之间的释放的 S1-U 承载。恢复过程由 NB-IoT 启动和激活。

首先使用由 RRC 挂起过程中存储的接入层信息来恢复与网络的连接。此时,eNB 对 NB-IoT 终端执行安全检查,并向 NB-IoT 终端提供恢复的无线承载列表,且同步 NB-IoT UE 和 eNB 之间的 EPS 承载状态。eNB 向 MME 发送用户设备上下文恢复请求,以通知其与 NB-IoT 终端的连接已经安全地恢复。从 eNB 接收到该恢复通知后,MME 恢复 NB-IoT 终端的 S1-AP 连接信息和承载信息,进入 CONNECTED 状态,并向 eNB 发送用户设备上下文恢复响应消息(包括 SGW 地址和 S1-AP 连接信息)。此时 NB-IoT 终端可以向 SGW 发送上行数据。MME 通过承载修改请求(Modify Bearer Request,MBR)消息向 SGW 发送 eNB 地址和下行链路 TEID,以重建 NB-IoT 终端与 SGW 之间的下行链路的 S1-U 承载。最后 SGW 向 MME 发送承载修改响应消息,然后开始传输下行数据。

值得注意的是,当 SGW 接收到下行数据的同时,NB-IoT 终端处于挂起状态。此时,SGW 将缓存数据包,同时在 SGW 和 MME 之间初始化下行数据通告过程,

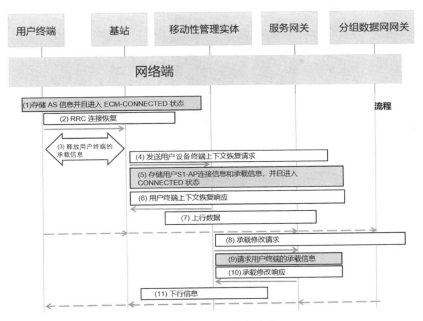

图 5.13　RRC 恢复流程

然后 MME 寻呼 NB-IoT 终端,由此通过 NB-IoT 终端启动激活连接恢复流程。

2. NB-IoT 的应用

NB-IoT 的主要特点包括:

(1) 覆盖广:在同样的频段下,NB-IoT 比现有的网络增益 20 dB,相当于提升了 100 倍覆盖区域的能力;

(2) 连接多:NB-IoT 一个扇区能够支持 10 万个连接,支持低延时敏感度、低设备成本、低设备功耗和优化的网络架构;

(3) 功耗低:NB-IoT 终端模块的待机时间可长达 10 年;

(4) 成本低:单个接连模块不超过 5 美元。

这些特点使得 NB-IoT 非常适合应用于无线抄表、传感跟踪这些领域,通过物联网技术在这些领域的应用,可以大大降低管理成本,使得网络管理者可以随时掌握各种运营数据,如图 5.14 所示。

2017 年,ofo 小黄车与中国电信、华为共同宣布,三家联合研发的 NB-IoT "物联网智能锁"全面启动商用,如图 5.15 所示。NB-IoT 支持的智能锁系统能够覆盖更广的地理范围,即使用户深处地下停车场,也能利用 NB-IoT 技术顺利开关锁;其次是同一基站可以连接更多的 ofo 物联网智能锁设备,避免掉线情况;三是功耗更低,NB-IoT 设备的待机时间在现有电池无须充电的情况下可使用 2~3 年,改变

图 5.14　NB-IoT 的特点

了此前用户边骑车边发电的状况。

图 5.15　ofo 小黄车

　　除了智能交通领域外,NB-IoT 还在智能水表、智能物流、智能农业等领域中承担着重要的角色。这些物联网应用场景中的感知层设备不需要很高的传输带宽,而 NB-IoT 的低成本、低功耗、可接入设备多的特点正满足了这些应用的需求。

5.2.3　超可靠低时延通信技术

　　超 可 靠 低 时 延 通 信（Ultra-Reliable and Low-Latency Communication,URLLC)是 5G 系统的重要应用场景之一,广泛存在于多种行业中,如工业控制系统、交通和运输、交互式的远程医疗诊断、AR/VR、智能电网和智能家居的管理等,使人们的生活变得更智能、更高效、更便捷、更安全和丰富。

URLLC 有两个基本特点：

(1) 超高可靠性，可以达到 10^{-5} 或 10^{-6} 量级的误块率性能。其中，误块率 (Block Error Rate，BLER) 指的是出错的块占所有发送块的比例。

(2) 低时延，可以达到 0.5 ms 或 1 ms 的空口传输时延。

1. URLLC 关键技术

为了达到高可靠性和低时延的要求，URLLC 技术从物理层结构和网络架构出发，进行了一系列的改进。在物理层信息的传递过程，时延主要来自上行链路和下行链路，误码主要发生在传输过程，所以为了达到超高可靠性和低时延，5G NR 在物理层的 PDCCH、PUCCH 和 PUSCH 设计上都做了改进。而在网络架构中，人们采用了网络切片、移动边缘计算等方法控制时延和提高可靠性。

其中，物理下行控制信道 (Physical Downlink Control Channel，PDCCH) 承载了调度以及其他控制信息等任务。PDCCH 传递的信息称为下行控制信息 (Downlink Control Information，DCI)。物理上行控制信道 (Physical Uplink Control Channel，PUCCH) 是承载混合自动重传请求确认 (Hybrid Automatic Repeat reQuest-ACK，HARQ-ACK)、信道状态信息 (Channel State Information，CSI) 和调度请求 (Scheduling Request，SR) 等上行控制信息 (Uplink Control Information，UCI) 的信道。物理上行共享信道 (Physical Uplink Shared Channel，PUSCH) 用于承载物理层的上行业务数据和控制信息。

(1) 调度和资源分配，在调度和资源分配方面，对于物理下行共享信道 (Physical Down link Shared Channel，PDSCH 和 PUSCH 信道，5G NR 采用了以下方法实现延迟降低和性能提升：

① 在资源分配方面，实现以符号为单位的灵活的时域资源分配。

调度较少的时域符号，可以缩短 PUSCH 和 PDSCH 的传输和处理时延；解调参考信号 (Demodulation Reference Signal，DMRS) 采取前置 DMRS 映射方式，使得接收端能更快地进行信道估计，以压缩处理时延。

② 在调度和反馈方面，支持灵活的调度和反馈时序。对于处理能力比较高的终端，通过调整调度和反馈时间间隔，实现本时隙内调度以及本时隙内反馈。

③ 分别为 PDSCH 和 PUSCH 定义了新的信道质量指示符 (Channel Quality Indicator，CQI) 和调制与编码策略 (Modulation and Coding Scheme，MCS) 表格，以实现单次传输达到 10^{-5} BLER 的性能要求。

④ 使用更低码率的 CQI 等级以及更低频谱效率的 MCS 元素，实现对 10^{-5} BLER 的性能的支持。

(2) PDCCH。在 LTE 系统中，PDCCH 在频域上占据整个频段，时域上占据每个子帧的前 1~3 个 OFDM 符号。系统只需要通知 UE PDCCH 占据的 OFDM

符号数,UE 便能确定 PDCCH 的搜索空间。而在 5G NR 系统中,由于系统的带宽(最大可以为 400 MHz)较大,如果 PDCCH 依然占据整个带宽,不仅浪费资源,盲检复杂度也大。此外,为了增加系统的灵活性,PDCCH 在时域上的起始位置也可配置。这种情况下,为了支持高可靠性和低时延双重标准,在信道的设计上,设计了基于控制资源集(Control Resource Set,CORESET)和搜索空间相结合的 PDCCH 检索方式。

在继续学习之前,需要先明确以下几个概念,如表 5.1 所示。

表 5.1   PDCCH 基本概念

缩写	名称	作用
RB	资源块(Resource Block,RB)	频率上连续 12 个子载波,时域上 1 个时隙
PRB	物理资源块(Physical RB)	RB 在物理层的映射
REG	资源单元组(Resource Element Group)	频域上 1 个 RB(12 个资源单元),时域上 1 个 OFDM 符号组成
CCE	控制信道单元(Control Channel Element)	由 6 个 REG 组成
CORESET	控制资源集(Control Resource Set)	由时域上的 1～3 个 OFDM 符号、频域上以连续的 6 个 PRB 为资源粒度进行配置的多个 RB 构成

对不同的 CORESET 配置不同的传输参数,就可以支持不同的传输需求。例如,配置不同的波束,可以让传输更加稳健;通过在 CORESET 中配置较少的符号,就能实现更低的传输时延;配置 CCE 到 REG 的交织映射方式,可以实现 PDCCH 传输的频域分集增益。

搜索空间是由一组候选 PDCCH 组成,通过配置不同的搜索空间类型,可以匹配不同的业务类型和场景,传输不同的 DCI 格式等。

UE 通过对信号的监听获取 PDCCH 的控制信息,为了减少设备功耗,设备可以跳过对某些时隙的监听而没有任何信息损失,这是通过监听周期和监听图样来实现的。如图 5.16 所示,CORESET 和搜索空间配置示例。通过配置合理的 PDCCH 的监听周期和监听图样,实现较为密集的 PDCCH 监听机会,从而降低调度时延;通过配置较高的聚合等级,可以提高 PDCCH 的传输可靠性。

搜索空间和 CORESET 之间通过编号关联,结合两者各自指示的时频域信息可以确定 PDCCH 的监听机会和相关传输参数。

(3) PUCCH。对于 PUCCH,其设计除了考虑时延和可靠性之外,还需要考虑承载容量、复用容量等方面的因素。在 5G NR 中,PUCCH 的格式如表 5.2 所示。

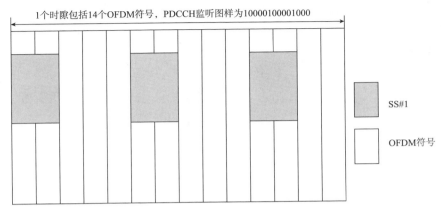

图 5.16 CORESET 和搜索空间配置示例

表 5.2 PUCCH 格式

PUCCH 格式		OFDM 符号长度	UCI 载荷	UCI 载荷比特数
0	短格式	1~2	小	≤2
1	长格式	4~14	小	≤2
2	短格式	1~2	大	>2
3	长格式	4~14	大	>2
4	长格式	4~14	中	>2

为了实现 URLLC 较低的传输时延,可以使用短格式的 PUCCH,PUCCH 格式 0 和 PUCCH 格式 2。他们在时域占据 1~2 个 OFDM 符号长度,分别对不同大小的 UCI 进行传输。格式 0 采用序列选择方式传输 1~2 比特 UCI 信号;格式 2 采用编码方式传输 2 比特以上的 UCI 信号,可以通过配置不同的 RB 数以及码率支持不同的承载容量。由于采用短格式,而 TDM 复用不支持 1 个符号位下 UCI 和 DMRS 的复用传输,所以采用 FDM 复用的结构,DMRS 在每个 RB 上的开销为 1/3。

为了缩短 SR 的反馈时延,从而降低上行传输的时延,可以配置以 2、4、7 个符号为周期的 SR 传输。短于 1 个时隙的 SR 周期可以更好地支持随时到达的低时延业务传输。考虑到对不同业务类型的上行数据的调度请求的并发支持,可以同时为一个用户配置最多 8 个 SR 配置。不同的 SR 配置对应了不同的业务需求。

(4) 免调度 PUSCH。在基于调度的数据传输中,PUSCH 传输之前需要向基站发送 SR 资源请求,进行资源调度,PUSCH 进行数据传输。而在免调度 PUSCH 中,终端直接利用预先配置或激活的资源自主进行 PUSCH 传输,而不用向基站发送 SR 资源请求,这就省去了调度请求和数据调度的时延。

上行免调度的流程如图 5.17 所示。为了提供更多、更密集的传输机会,以便更好地适应上行数据到达,减少等待时延,免调度资源的周期最小可以为 2 个 OFDM 符号。

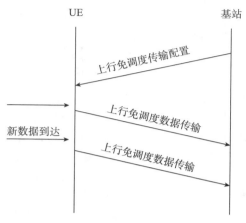

图 5.17　上行免调度流程

上行免调度可以通过一个传输周期中的多个传输机会实现同一个传输块 (Transport Block,TB)的多次重复传输,以提高传输的可靠性。

(5) eMBB 和 URLLC 的复用传输。为了满足 URLLC 对时延的要求,一个终端突发的 URLLC 业务可以抢占其他终端已经在传输的 eMBB 业务的资源进行传输,这显然会对 eMBB 的传输性能造成一定影响。为了降低这种影响,提高系统的资源利用率,5G NR 引入了下行抢占指示(Preemption Indication,PI)机制,如图 5.18 所示,通过组播发送 PI 信息,通知终端被抢占的资源。

上行传输也会存在 URLLC 和 eMBB 之间的抢占问题,由于 URLLC 和 eMBB 的上行传输来自不同的终端,当占用相同资源时,会存在相互干扰的问题。为了避免这种干扰,对 URLLC 业务来说,可以提升其传输功率,对于 eMBB,可以定义上行停止指示(Cancellation Indication,CI)机制,告知 eMBB 终端停止其上行传输,以避免 eMBB 上行对 URLLC 上行的干扰。

(6) 网络切片技术。在实际网络中,不是所有任务都需要低延时、高可靠性,所以人们应用网络切片技术来为低时延、高可靠性建立相应的切片,从而减少非 URLLC 业务的延时和资源消耗。

网络切片(Network Slice)是一种按需组网的方式,这种方式可以让运营商在统一的基础设施上分离出多个虚拟的端到端网络,每个网络切片从无线接入网、承载网再到核心网进行逻辑隔离,以适配各种类型的应用。在一个网络切片中,至少可分为无线网子切片、承载网子切片和核心网子切片三部分。

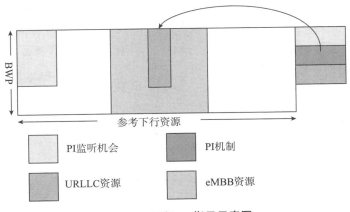

图 5.18　下行 PI 指示示意图

在 3GPP 中将网络切片分为三种类型,分别是 eMBB 切片、mMTC 切片和 uRLLC 切片,对应 5G 时代的三大场景,在参数 S-NSSAI(Single Network Slice Selection Assistance Information)中定义。参数 S-NSSAI 是一个 32 位整数,可以进一步分为 8 位的 SST 和 24 位的 SD,如图 5.19 所示。

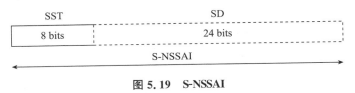

图 5.19　S-NSSAI

在 SST 中定义了切片的类型,如果 SST 的取值为 1,这个切片是 eMBB 切片;如果 SST 取值为 2,则这个切片是 URLLC 切片;如果取值为 3,则是 mMTC 切片。而 SD 则定义了切片分量,它对切片/服务类型进行补充,以便在同一切片/服务类型的多个网络切片之间进行区分。

如图 5.20 所示网络切片的传输方式,不同的网络切片支持不同的转发方案,对于时延要求较高的业务,网络处理器会并行处理以降低延时;对于时延要求不高的其他业务,可以串行执行以减少计算开销。不同的网络切片支持不同的转发方案,uRLLC 切片可以实现转发小于 10 μs。

(7) 移动边缘计算。移动边缘计算通过在接入网侧部署计算能力,使得在接入网侧也可以使用云计算技术实现通信、计算的统一与融合。

如图 5.21 所示,在传统移动通信网络中,移动终端发出的信号先被基站接收,在基站被转换成为数字信号,层层回传,最后传到核心网,核心网处理过后再层层传回基站,最终发送回移动终端,由于路途遥远,每一级传递都会消耗大量时间,这

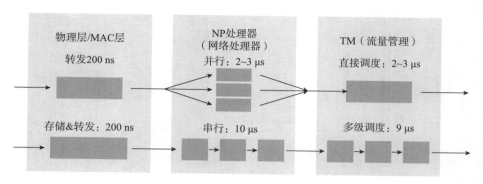

图 5.20 网络切片传输方式

显然无法满足低延时、高可靠性要求。而 MEC 服务则可以将传统的部署在互联网或者远端云计算中心的业务,迁移至无线网络边缘,这摒弃了原有传输链路,将多跳传输简化为一跳,大大缩短了传输时延。

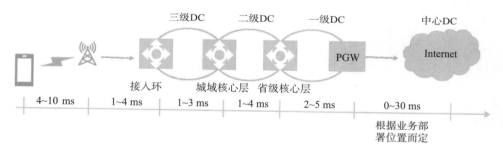

图 5.21 4G/LTE 时延业务分析

2. 应用场景

URLLC 主要包括以下几类应用场景:电力分配、交通安全和控制、工业自动化、远程培训、远程制造、远程医疗、高速列车控制、增强现实等等。工业自动化控制需要时延大约为 10 ms;在无人驾驶方面,对时延的要求比较高,传输时延需要低至 1 ms,而且对可靠性的要求极高。而时延在 0.5～1 ms,具有高可靠性的 URLLC 技术对自动驾驶领域来说意义非凡。

2018 年 2 月,西班牙电信联手华为在马德里 5G 联合创新中心,共同完成了世界上首个 5G 车联网(5G V2X)概念验证(PoC)测试。这证明了 5G NR 的技术 URLLC 通过灵活设计,满足了自动驾驶对网络可靠性和快速反应的极致要求。

2019 年 1 月,在福州,医生在 50 公里外通过远程医疗设备对福建医科大学孟超肝胆医院中的一只小猪,切除了一片肝小叶,这是全球首例基于 5G 网络的远程动物手术。2019 年 7 月,医生为一名 72 岁的患者成功实施了全国首例 5G + MR

（混合现实）的远程实时乳腺癌手术，并获得了成功。这证明 URLLC 技术在远程医疗领域有着巨大潜力。

在工业控制领域，爱立信和德国弗劳恩霍夫合作研究喷气发动机叶片的加工，该叶片加工具有高复杂性，对振动极为敏感，要求加工条件具有高精度，传统模式下，其返工率在 25%，发挥 5G URLLC 技术改进下，他们成功将时延控制在了 1 μs，提升良品率 10%，按照 1 个生产单位估算，每年可以节省 3000 万～4000 万欧元。

在 2020 年 11 月的中国移动全球合作伙伴大会期间，中国移动研究院联合中移（上海）产业研究院、仪综所、华为、中兴、爱立信、大唐、诺基亚、锐捷、京信、新华三、联发科、三星半导体、紫光展锐、翱翔等 14 家合作伙伴，共同发布了《"智简 5G"系列——面向 URLLC 场景的无线网络能力》白皮书。白皮书系统阐述了面向 URLLC 场景无线网络提供的上行、时延、可靠性三大分级能力体系和关键使能技术以及中国移动对于 URLLC 的技术判断与产品能力规划。白皮书旨在推动产业界加速大上行、极致时延、超级可靠技术体系的端到端成熟，助力我国各行业的数字化转型迈入新的阶段。

5.3　移动物联网的典型应用

5.3.1　车联网络

车联网络的概念源于物联网，即车辆物联网。车联网络以行驶中的车辆为信息感知对象，借助新一代信息通信技术，实现车与云平台、车与车、车与路、车与人、车内等网络连接，可以提升车辆的智能驾驶水平，为用户提供安全、舒适、智能、高效的驾驶感受与交通服务，同时提高交通运行效率，提升社会交通服务的智能化水平，如图 5.22 所示。

（1）车与云平台间的通信，是指车辆通过卫星无线通信或移动蜂窝等无线通信技术实现与车联网服务平台的信息传输，接受平台下达的控制指令，实时共享车辆数据。

（2）车与车间的通信，是指车辆与车辆之间实现信息交流与信息共享，包括车辆位置、行驶速度等车辆状态信息，可用于判断道路车流状况。

（3）车与路间的通信，是指借助地面道路固定通信设施，实现车辆与道路间的信息交流，用于监测道路路面状况，引导车辆选择最佳行驶路径。

（4）车与人间的通信是指用户可以通过 Wi-Fi、蓝牙、蜂窝等无线通信手段与车辆进行信息沟通，使用户能通过对应的移动终端设备监测并控制车辆。

图 5.22 车联网

（5）车内设备间的通信是指车辆内部各设备间的数据传输，用于对设备状态的实时检测与运行控制，建立数字化的车内控制系统。

车联网络的构成主要分为以下几部分：

（1）车辆和车载系统：是参与交通的每一辆汽车和车上的各种设备。通过传感器设备，车辆可以实时地了解自己的位置、朝向、行驶距离、速度和加速度等信息，还可以通过各种环境传感器感知外界环境的信息，包括温度、湿度、光线、距离等，让驾驶员能够及时了解车辆相关信息以便对外界的变化做出及时的反应。此外，这些传感器获取的信息还可以通过无线网络发送给周围的车辆、行人和道路，上传到车联网系统的云计算中心，加强信息的共享能力。

（2）车辆标识系统：由车辆上的标识和外界的标识识别设备组成，以 RFID 技术和图像识别系统为主。

（3）路边设备系统：一般安装在交通热点地区、交叉路口或者高危险地区。通过采集特定地点的车流量，分析不同拥堵路段的信息，给予交通参与者避免拥堵的建议。

（4）信息通信网络系统：负责各种数据的传输，是网络链路层的重要组成部分。目前车联网的通信系统以 Wi-Fi、移动网络、无线网络、蓝牙网络为主，车联网的大部分网络需求需要与网络运营商合作，以便与用户的手机随时连接。

车联网是实现自动驾驶乃至无人驾驶的重要组成部分，在以下几个方面，车联网能够发挥重要作用：

（1）车辆安全：车联网可以通过提前预警、超速警告、逆行警告、红灯预警、行人预警等相关手段提醒驾驶员，也可通过紧急制动、禁止疲劳驾驶等措施有效降低交通事故的发生率，保障人员及车辆安全。

（2）交通控制：将车端和交通信息及时发送到云端，进行智能交通管理，从而实时播报交通及事故情况,缓解交通堵塞,提高道路使用率。

（3）信息服务:车联网为企业和个人提供方便快捷的信息服务,例如提供高精度的电子地图和准确的道路导航。车企也可以通过收集和分析车辆行驶信息,了解车辆的使用状况和问题,确保用户行车安全。其他企业还可通过相关特定信息服务了解用户需求和兴趣,挖掘盈利点。

（4）智慧城市与智能交通:以车联网为通信管理平台可以实现智能交通。例如交通信号灯智能控制、智慧停车、智能停车场管理、交通事故处理、公交车智能调度等方面都可以通过车联网实现。交通的信息化和智能化,有助于智慧城市的构建。

5.3.2　智能电网

智能电网（Smart Grid）,就是电网的智能化,也被称为“电网 2.0”。它是建立在集成的、高速双向通信网络的基础上,通过先进的传感技术和测量技术、先进的设备技术、先进的控制方法以及先进的决策支持系统的应用,实现电网的可靠、安全、经济、高效、环境友好和使用安全的目标。其主要特征包括自愈、激励、抵御攻击和提供满足用户需求的电能质量;容许各种不同的发电形式的接入;启动电力市场以及资产的优化高效运行,如图 5.23 所示。

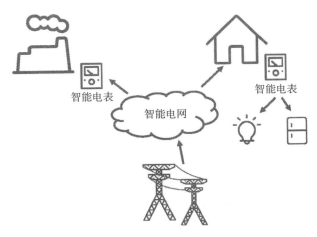

智能电表　智能电网　智能电表

图 5.23　智能电网

智能电网的四大优势如图 5.24 所示,通过在电力系统中安装先进分析和优化引擎,电力提供商可以突破传统网络的瓶颈,而直接转向能够主动管理电力故障的智能电网。对电力故障的管理计划不仅考虑到电网复杂的拓扑结构和资源限制,还能够识别不同类型的发电设备,这样,电力提供商就可以有效地安排停电检测维修任务的优先顺序。这样一来,停电时间和频率可减少约 30%,停电导致的收入损失也相应减少,而电网的可靠性以及客户的满意度都得到了提升。

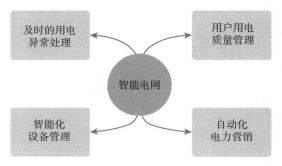

图 5.24　智能电网的优势

　　智能电网对世界经济的发展具有促进作用,智能电网的建设在应对全球气候变化,促进世界经济可持续发展方面具有重要作用。主要表现在:

　　(1) 促进清洁能源的开发利用,减少温室气体排放,推动低碳经济的发展;

　　(2) 优化能源结构,实现多种能源形式的互补,确保能源供应的安全稳定;

　　(3) 有效提高能源输送和使用效率,增强电网运行的安全性、可靠性和灵活性;

　　(4) 推动相关领域的技术创新,促进装备制造和信息通信等行业的技术升级,扩大就业,促进社会经济可持续发展;

　　(5) 实现电网与用户的双向互动,革新电力服务的传统模式,为用户提供更加优质、便捷的服务,提高人民生活质量。

5.3.3　智慧医疗

　　智慧医疗是物联网在医疗领域应用的产物。智慧医疗及服务系统利用先进的物联网、无线网、传感器、移动计算、数据融合等技术,实现患者与医务人员、医疗环境之间的互动,进一步提升医疗诊疗流程的服务效率和服务质量,提升医院综合管理水平,实现监护工作无线化。解决或减少由于医疗资源缺乏、医护人员人力有限、监测不及时、医疗环境不能得到实时改善、病人及家属得不到更加舒适便捷的服务等一系列问题而导致的看病难、医患关系紧张、事故频发等问题,逐步实现医疗信息化,如图 5.25 所示。

　　一般来讲,智慧医疗平台由以下几个部分组成,如图 5.26 所示。

　　患者通过数字医疗设备和体征检测设备检测和收集数据,并通过网络提交到云服务平台,医生在平台上看到患者的信息并将诊断计划、建议等反馈给患者,实现患者和医生的交互。

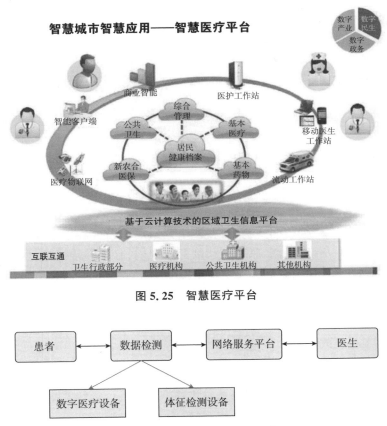

图 5.25　智慧医疗平台

图 5.26　智慧医疗平台的组成

实现智慧的关键是物联网技术和云计算技术,这两大技术的连接点是海量的医疗数据,或可以称为"医疗大数据"。医疗物联网中,数目众多的传感器和医疗设备源源不断的产生各类数据,如图 5.27 所示,这些数据规模庞大,增长速度快,传统的数据库技术已无法有效地对其进行管理和处理,因此在智慧医疗中,我们引入了云计算技术,用于医疗服务的云计算平台能够以较低成本,实现高效和可扩展的医疗大数据存储,并且可以通过互联网为用户提供方便快捷的医疗服务。

不同于目前已有的医疗信息化系统,智慧医疗强调数据的广泛采集和深度利用,数据的广泛采集,即利用各种手段,不受时间和地点约束的采集各类数据。虽然现有的电子病历系统能够以数字化方式保存患者所有在医院进行的检查与就诊信息,但是这些数据也是非常有限的。智慧医疗利用物联网技术随时随地的采集各种人体生命体征数据并自动保存,其数据量比人工录入电子病历的数据量高出

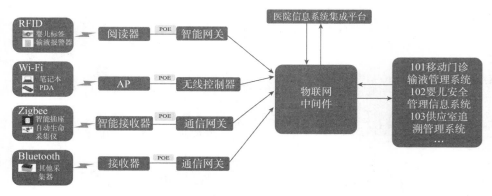

图 5.27 智慧医疗应用实例

好几个数量级。数据的深度利用,即使用数据挖掘和机器学习等技术从数据中发现隐藏的知识,例如患者的血氧饱和度变化周期、心率异常检测、生命体征关联变化模式等,由于涉及的数据种类繁多而且规模大,这些知识难以凭借医生的经验以人工方式获得。此外,应用大规模数据处理技术,能够同时分析所有患者的记录,帮助医生诊疗疑难杂症。

5.3.4 工业互联网

1. 工业互联网的定义

工业互联网是全球工业系统与高级计算、分析、传感技术及互联网高度融合的产物,是一种开放的、全球化的网络,它连接人类、数据和机器。工业互联网的目的在于结合工业设备与通信系统、数据分析方法、云计算等技术,通过研究和发展智能设备之间的连接通信组成大规模智能网络,突破传统产业中各种限制,升级工业产业生产、管理和服务,实现重构全球工业、提升生产效率。

美国在 2011 年提出了先进制造伙伴(Advanced Manufacturing Partnership, AMP)计划,2012 年 11 月,美国的通用电气(General Electric Company,GE)发布了《工业互联网:突破智慧和机器的界限》白皮书,首次提出了工业互联网(Industrial Internet)的概念。2013 年德国就提出了工业 4.0 计划。

在 2014 年,美国电话电报公司(AT&T)、思科公司(Cisco)、英特尔公司(intel)和 IBM 共同成立了工业互联网联盟(Industrial Internet Consortium,IIC)。目前该联盟拥有超过 240 名成员,是推进工业智能化的重要力量。

2015 年,中国提出了中国制造 2025 计划。2019 年 12 月,我国下发了《"5G+工业互联网"512 工程推进方案》,这个方案指出,工业互联网是第四次工业革命的关键支撑,5G 是新一代信息通信技术演进升级的重要方向,二者都是实现经济社会数字化转型的重要驱动力量。从侧面反映了我国对于工业互联网和 5G 产业的重视。

经历了蒸汽技术革命,电力技术革命,计算机及信息技术革命之后,第四次工业革命已然到来。而工业互联网正是第四次工业革命的重要基石。

2. 工业互联网的组成元素

一般而言,工业互联网包括下面三个基本要素:

(1)智能机器:在现实设备、机器上搭载先进传感器,并用网络连接设备与软件、控制器连接。通过传感器感知世界,通过控制器和软件对变化做出反应,让机器更加智能化。

(2)先进分析方法:通过材料学、电子工程以及其他关键学科技术帮助传感器搜集到更加精确的数据,利用物理分析、预测算法、数学分析方法处理数据,使机器更好地工作。用数据可视化等方法让机器设备说出的"话"被人类听懂或理解。

(3)工作人员:建立起在各种工作场景下工作人员的实时连接,为机械设备的设计、操作、维护提供更加智能的管理和高质量的服务,保证系统运行的高效率和安全性。

3. 工业互联网的典型案例

工业互联网在工业界具有大量应用场景。

从门类来说,轻工家电、机械制造、电子信息、钢铁行业、高端建筑、船舶制造、电力行业等都有广阔的应用前景。

从应用上来讲,一个产品从设计到加工制造和销售运营,方方面面都可以加入工业互联网的智能元素。总结起来可以分为四大应用场景:

(1)优化工业现场的生产过程;

(2)优化企业运营的管理决策;

(3)优化社会生产的资源配置与协同;

(4)优化产品全生命周期的管理和服务。

在一线工厂的工业生产中,工业互联网技术可以通过对实时生产数据的分析与反馈,实现对整个生产过程的优化。这些优化主要包括对制造工艺、产品质量、生产流程、设备运行、能耗等方面。

这方面有很多案例,例如位于浙江宁波的雅戈尔集团智能工厂借助 5G+工业互联网,将人工智能和生产流程进行深度结合,建立起一个智能化工厂。在产品质检环节,智能传感器+图像检测算法帮助人们判断成品质量是否合格,监督工人操作是否标准;在面料检测环境,人工智能技术可以自动判别成品质检结果;在员工管理方面,雅戈尔智能工厂通过智能机器人监测员工动态,当员工存在物品违规摆放、操作不当等行为时,智能机器人都会悄悄赶来,进行温馨提示……在工业互联网的帮助下,雅戈尔智能工厂实现了工业生产过程的可视化、透明化、可预测、自适应,生产效率提升 25% 以上。

面向企业运营管理决策优化主要包括供应链管理的优化、企业智能决策优化、生产管控一体化等。

社会生产的资源配置与协同优化主要体现在协同制造、个性化定制、产融结合、制造能力优化等方面。

产品生命周期的管理与优化则体现在产品溯源、产品远程预测性维护以及产品设计反馈的优化等,其中尤其以产品溯源在日常生活中最为常见,打开手机购物软件时,会发现很多商品(特别是生鲜产品)可以进行产品溯源追踪,让消费者买得更加放心。

习　题

1. 选择一个你最感兴趣的物联网应用场景进行调研。在这个应用场景中用到了哪些关键技术? 比起传统模式有哪些优势?

2. 试分析车联网络和自动驾驶对于城市交通具有什么样的利弊。

3. 你认为生活中哪些场景适合应用边缘计算? 试进行阐述。

4. 调研了解除 Cloudlet 外的更多边缘计算网络架构。他们分别有哪些优点和缺点?

第 6 章　物联网络与人工智能

人工智能能够为人们的生活带来便捷,为信息技术的前沿发展带来更多可能。在通信领域,智能通信也是目前受到广泛关注的研究课题。在这一章中,将首先介绍人工智能开发常用的编程语言——Python,以及常用的硬件开发设备——树莓派,最后用"智能空气净化器"作为实例,展示智能通信项目的设计和实现过程。

6.1　系统开发工具

树莓派(Raspberry Pi,RPi)是为学习计算机编程教育而设计的、只有信用卡大小的微型电脑,其操作系统是 Linux。树莓派体积小、功耗低、价格便宜且功能齐全,有海量软件基础,通用功能输入输出(General Purpose Input Output,GPIO)库还可以与硬件结合。因此,树莓派的应用越来越广泛,如图 6.1 所示。

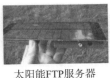

| 路由器 | 私人VPN服务器 | 太阳能FTP服务器 | 无线打印机 |

| 智能微波炉 | 家庭影院 | 家庭监控 | 自动灌溉 |

图 6.1　树莓派的应用

树莓派的 GPIO 接口可用于对各种硬件设备的监视和控制。树莓派的 40 个引脚中,包含了 17 个 GPIO 接口,如图 6.2 所示。

图 6.3 展示了树莓派的引脚编码。树莓派的引脚有三种编码方式:

(1) BOARD 编码即按照树莓派主板上引脚排针编号,分别对应 1~40 号排针。

(2) BCM 编码,是参考 Broadcom SOC 的通道编号,侧重 CPU 寄存器,用 BCM 库或者 Python 编程时常采用这种编码。

图 6.2 树莓派的 40 个引脚

图 6.3 树莓派的引脚编码

（3）WPI 编码，即 wiringPi 编码，把 GPIO 接口从 0 开始编码，在使用 wiring-Pi 库编程时会使用这种方式。

常用的 GPIO 库函数如表 6.1 所示。

表 6.1　常见的 GPIO 库函数

GPIO 库函数	功能描述
setmode(GPIO. BCM)	设置 GPIO 引脚编号方式
getmode()	获取 GPIO 引脚编号方式
setup(channel，GPIO. IN)	设置通道
input(channel)	设置输入通道
output(channel，state)	设置输出通道、输出信号
cleanup()	清空通道
setwarnings(False)	树莓派可能不止有一个脚本/电路在操纵 GPIO，如果树莓派检测到引脚不是默认的输入状态，会给出警告，可以用它来避免警告

1. 树莓派开发实例 1：树莓派控制 LED 的点亮

半导体发光二极管，是一种可以通过 PN 结将电能转化为光能的元件，可分为激光二极管、红外激光二极管、可见光发光二极管（发光二极管（Light Emitting Diode，LED））。

LED 具有工作电压低、工作电流小、抗冲击和抗震性好、可靠性高、寿命长等特点，还可以通过调制所接电流强弱来调制发光强弱，因此常用于各种实验，在实际生活的照明、屏幕等方面有广泛应用，如图 6.4 所示。

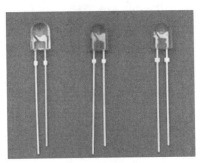

图 6.4　实验中常用的 LED 元件

点亮 LED 只需将较长的针脚连接电源正极，较短的针脚连接电源负极即可。在用树莓派控制 LED 时，可将 LED 的两个针脚分别连接到树莓派的两个 GPIO 接口上。这样就可以通过程序控制 GPIO 接口电位的高低状态，从而控制 LED 的

点亮和熄灭。参考代码如下:

```
import RPi.GPIO as GPIO

GPIO.setmode(GPIO.BCM)

GPIO.setup(23, GPIO.OUT)
GPIO.setup(24, GPIO.OUT)

GPIO.output(23, GPIO.HIGH)
GPIO.output(24, GPIO.LOW)
```

2. 树莓派开发实例 2:超声波测距

超声波测距利用超声波在空气中的传播速度为已知,测量超声波在发射后遇到障碍物反射回来的时间,根据发射和返回的时间差计算发射点到障碍物的实际距离,主要应用于倒车提醒,建筑工地和工业现场等的距离测量。

超声波测距的公式为:

$$L = C \times T \div 2$$

其中 L 为待测距离,C 为声音在空气中的传播速度(即 343 m/s),T 为超声波发射和接收的时间差。

HC-SR04 超声波测距模块,如图 6.5 所示,可以测量 3 cm~4 m 的距离,精确度可以达到 3 mm。模块包括超声波发射器、超声波接收器和控制电路三部分。

图 6.5 HC-SR04 超声波测距模块

HC-SR04 超声波测距模块的四个引脚如表 6.2 所示。

表 6.2 HC-SR04 超声波测距模块的引脚

引脚名称	功能描述
Vcc	供电 5 V 直流电
Trig	接收主机控制信号
Echo	发送测距结果
GND	接地/电源负极

HC-SR04 超声波测距模块的测距过程分为三步：

（1）Trig 脚收到一个持续 10 μs 的脉冲信号。

（2）HC-SR04 超声波测距发送一个超声波，并把 Echo 置为高电平，然后准备接收返回的超声波。

（3）当 HC-SR04 超声波测距接收到返回的超声波时，把 Echo 置为低电平。

HC-SR04 超声波测距模块测距过程中 Trig 和 Echo 的信号变化过程如图 6.6 所示。

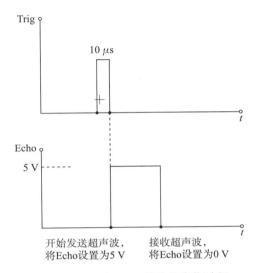

图 6.6　Trig 和 Echo 的信号变化过程

因此，Echo 输出高电平的持续时间就是超声波从发射到返回经过的时间。由此便可以计算测距模块和待测目标之间的距离。参考代码如下：

```
import RPi.GPIO as GPIO
import time

GPIO.setwarnings(False)
GPIO.setmode(GPIO.BCM)
TRIG =  16
ECHO =  18
GPIO.setup(TRIG,GPIO.OUT)
GPIO.setup(ECHO,GPIO.IN)

GPIO.output(TRIG,GPIO.HIGH)
time.sleep(0.00001)
```

```
GPIO.output(TRIG,GPIO.LOW)

while GPIO.input(ECHO) = = 0:
    pass
pulse_start = time.time()

while GPIO.input(ECHO) = = 1:
    pass
pulse_end = time.time()

pulse_duration = pulse_end - pulse_start
distance = pulse_duration * 343 * 100 / 2
distance = round(distance,1)
print(distance,"cm")
```

3. 树莓派开发实例3：温湿度测量

DHT11数字温湿度传感器是一款有已校准数字信号输出的温湿度传感器,如图6.7所示,具有响应速度快、抗干扰性强、性价比高等优点。常用于暖通空调的测试及检测,汽车的数据记录以及气象站、家电、湿度调节器、除湿器等设备。

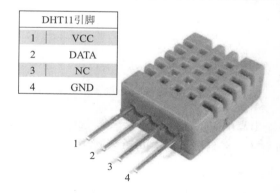

图6.7　DHT11数字温湿度传感器

DHT11数字温湿度传感器的主要参数如表6.3所示。

表6.3　DHT11的主要参数

相对湿度		温度	
分辨率	0.1%RH　16 bit	分辨率	0.1℃ 16 bit
精度	25℃ ±2%RH	精度	25℃ ±0.2℃
	−40～80℃ ±5%RH		−40～80℃ ±1℃

DHT11 数字温湿度传感器的四个引脚信息如表 6.4 所示。

表 6.4　DHT11 数字温湿度传感器的四个引脚信息

引脚名称	功能描述
VCC	供电 3～5.5 V 直流电
DATA	串行数据，单总线
NC	空脚
GND	接地，电源负极

DHT11 数字温湿度传感器采用的是单总线协议，一次传送 40 位的数据，分别为 8 bits 湿度整数数据、8 bits 湿度小数数据、8 bits 温度整数数据、8 bits 温度小数数据和 8 bits 校验位。如果前面四个 8 bits 数据相加等于校验位，则校验通过，证明这一次温湿度采样值是正确的；否则，校验不通过，就说明这次读取的温湿度采样值是错误的。DHT11 数字温湿度传感器的数据校验过程如图 6.8 所示。

示例一：接收到的40位数据为：

0011 0101	0000 0000	0001 1000	0000 0000	0100 1101
湿度高8位	湿度低8位	温度高8位	温度低8位	校验位

计算：
0011 0101+0000 0000+0001 1000+0000 0000= 0100 1101

接收数据正确：
湿度：0011 0101=35H=53%RH
温度：0001 1000=18H=24℃

示例二：接收到的40位数据为：

0011 0101	0000 0000	0001 1000	0000 0000	0100 1001
湿度高8位	湿度低8位	温度高8位	温度低8位	校验位

计算：
0011 0101+0000 0000+0001 1000+0000 0000= 0100 1101
01001101不等于0100 1001
本次接收的数据不正确，放弃，重新接收数据。

图 6.8　DHT11 数字温湿度传感器数据校验示例

DHT11 数字温湿度传感器和主机的通信流程分为四步，如图 6.9 所示：

（1）主线把总线拉低作为开始信号（必须大于 18 ms），等待 DHT11 数字温湿度传感器响应。DHT11 数字温湿度传感器接收到开始信号后，等待总线的开始信号结束，然后发送 80 μs 的低电平响应信号。

（2）主机发送开始信号结束后，延时等待 20～40 ms 后，读取 DHT11 数字温湿度传感器的响应信号。主机发送开始信号结束后可以切换到输入模式，或输出高电平均可，总线拉高。总线为低电平，说明 DHT11 数字温湿度传感器发送响应信号。DHT11 数字温湿度传感器发送响应信号后,再把总线拉高 80 μs,准备发送数据。

　　(3) 每 1 比特数据都是以 50 μs 的低电平时隙开始的,高电平的长短决定了数据位是 0 还是 1。数据位是"0"的高电平为 26~28 μs,数据位是"1"的高电平为 70 μs。

　　(4) 当最后 1 比特数据传输完毕后,DHT11 拉低总线 50 μs,随后拉高总线进入空闲状态。

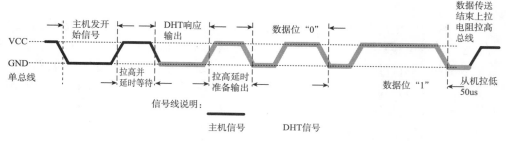

图 6.9　DHT11 温湿度传感器时序

　　读者可以自行尝试实现用树莓派控制 DHT11 温湿度传感器,实现室内的温湿度测量。

6.2　无线智能家居设计

　　智能家居通过物联网将家中的各种设备,例如照明系统、空调系统、音视频设备、安防系统、智能家电等连接起来,提供智能控制的服务,使用户的家居生活更加舒适和便捷。近年来,人们逐渐意识到空气污染对健康的危害,于是空气净化器也成为城市家居生活的一部分。

　　城市的空气污染主要来源于工业排放、汽车尾气和供暖排放等,如图 6.10 所示。这些散布在空气中的污染物长时间围绕着人们,通过呼吸被吸入人体,可造成一系列呼吸系统的疾病。据统计,全球范围内每年有 1/8 的死亡与空气污染相关。空气污染如同慢性毒药,危害着人们的健康。

　　空气质量指数(Air Quality Index,AQI)是一项衡量空气污染严重程度的指标,通过测定空气中污染物的浓度计算。如图 6.11 所示,AQI 值越大,代表空气污染程度越严重。当 AQI 大于 100 时,空气中的污染浓度会令敏感人群感到不适;当 AQI 大于 300 时,空气中的污染浓度对人体危害严重,人们应尽量避免在这样的环境下呼吸。

图 6.10　空气污染的主要成因

AQI	描述等级
0~50	好
51~100	中等
101~150	对敏感人群而言不健康
151~200	不健康
201~300	非常不健康
301~500	危险

图 6.11　AQI 的分级

　　为了呼吸更加新鲜、健康的空气,空气净化器进入了大众市场。如今在城市的许多家庭和办公场所中,都配备了空气净化器以维持室内的空气质量。空气净化器的使用能够有效地降低附近空气的 AQI 值,将附近的空气质量维持在对人体较为健康的水平。然而目前市面上大部分的空气净化器与用户的交互不足,主要依赖用户自身的手动控制,导致无法充分发挥其对于室内空气的智能调控作用,使用时存在诸多不便,除了最简单的数据读取之外,还有着例如用户返回住所之前的预先启动以及用户离开住所时工作状态的调控等诸多问题。

　　除此之外,目前的空气净化器缺乏对室内环境的智能感知,导致其的使用重度依赖用户自身的判断,而不能发挥智能家居的优势。以一个简单的例子来说明:在开窗的环境下空气净化器的运行是无效的,换句话说,如果空气净化器工作了一段时间后,发现空气相关指数并未下降,则可能空气净化器的工作是无效的。另外,空气净化器应该根据阈值的不同来判断工作方式,从而提高能源利用效率。

目前,已有的空气净化器部分具有空气质量的实时监测功能,但是对这些监测数据的信息挖掘并不充分。通过可吸入颗粒物(Particulate Matter,PM10)等数据,可以分析出一些环境状况甚至可以判断是否发生了火情,所以还可以利用对这些数据的分析来做出应急报警。

因此,完善空气质量检测功能,改进空气净化器与用户的智能交互和对室内环境的感知,对于当前的室内空气净化器具有重要意义。在智能家居场景中,智能空气净化器通过互联网技术与多种信息平台相结合,实现使用者与空气净化器的远程交互,实现空气净化器智能且高效的工作。下面以智能空气净化器的设计和实现为例来说明。

6.2.1 开发环境

(1) 树莓派端:Python;

(2) 服务器端:Apache + Python + Flask;

(3) 微信端:web.py 网络框架,Python,阿里云服务器;

(4) Win10app:Windows 通用应用平台(Universal Windows Platform,UWP)。

6.2.2 系统框图

智能空气净化器的系统结构如图 6.12 所示。

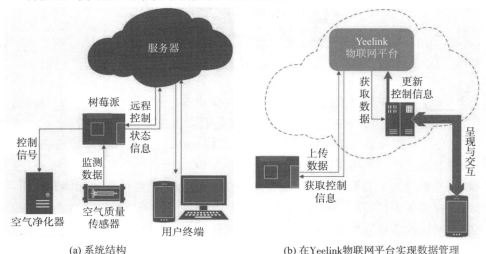

(a) 系统结构   (b) 在Yeelink物联网平台实现数据管理

图 6.12　系统结构

6.2.3　功能设计

智能空气净化器能够实时监测空气质量数据,并能够根据空气质量状况自动开启或关闭。用户可以通过公众号访问空气质量数据,并对智能空气净化器的工作状态进行手动控制。同时,智能空气净化器还具有火警检测功能,通过对空气质量数据的分析发现附近疑似有火情,则触发火警信号。具体实现的功能包括:

(1) 智能空气净化器有效性的分析:如果工作一段时间后,检测到 AQI 下降,则认为空气净化器工作有效,此时可以考虑关闭净化器。

(2) 智能开关系统:初设一个空气质量阈值,开启自动控制时检测一次,此后每隔 5 分钟检测一次。如果 AQI 小于阈值,则关闭净化器;如果 AQI 大于阈值,则开启净化器。

(3) 树莓派读取传感器数据:树莓派与传感器通过 GPIO 接口连接,通过代码来读取传感器的实时数据。

(4) 火警检测分析:通过 PM10 检测火情。如果 PM10 上升过快,或者达到预设的绝对阈值,则触发火警信号。

(5) 树莓派和服务器进行交互:在 Yeelink 物联网平台上注册账户,可以在平台上设置传感器模块,树莓派通过平台提供的接口将实时数据上传到 Yeelink 平台,方便用户读取。

(6) 用户终端获取当前状态:Yeelink 物联网平台提供读取数据的 API。用户终端获取当前状态有三种方法:租借的阿里云服务器上运行 HTML 网页,可以通过访问网页读取当前的数据和状态;微信公众号后台访问 API,用户可以通过微信公众号读取数据;通过 UWP 获取数据。

(7) 用户终端控制:上述三种方式在获取数据的同时也可以对空气净化器进行控制,包括手动开启、手动关闭、自动控制。

6.2.4　使用方法

下面介绍智能空气净化器的部署和使用方法。

(1) 产品部署。

① 启动树莓派并连接至网络,输入以下命令行:

```
cd /home/pi/
Documents/PM25_final
sudo python2 main.py;
```

② 检测服务器端的工作状态。

(2) 网页平台的使用。

① 在浏览器中输入 http://39.108.14.221:2333/；

② 页面上显示的即为空气净化器的工作信息，三个按钮可以实现工作模式的切换，如图 6.13 所示。

图 6.13　智能空气净化器网页平台

（3）微信公众号平台的使用。

① 关注微信公众号；

② 成功关注之后，进入菜单选项提供的基本操作有：数据查询、工作模式控制、详细数据查询，如图 6.14 所示；

③ 在文本框输入"查询"，也可获得当前空气净化器的空气监测数据；

④ 当空气净化器监测到火灾时，微信公众号会自动向订阅用户发送警告信息。

(a) 可进行空气数据查询　　　　　(b) 净化器控制(右)

图 6.14　智能空气净化器微信公众号平台

（3）Windows 10 操作系统下，智能空气净化器 App 的使用。

① 目标机器应当运行 Windows 10 操作系统。

② 安装附带的智能空气净化器 App 安装程序 PM2.5（PM25_1.0.5.0_x86_x64_arm.appxbundle）。

③ 安装完成后，启动 PM2.5 App 即可实现操作，如图 6.15 所示。

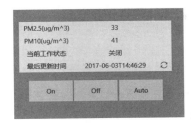

图 6.15　PM2.5 App

6.2.5　系统实现

树莓派的电路连接如图 6.16 所示。

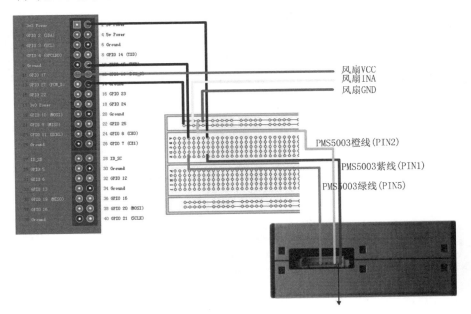

图 6.16　树莓派的电路连接

参考代码见：https://github.com/labbook1/Modern-mobile-communication-and-network-technology。

6.3 边缘计算系统设计

6.3.1 边缘计算系统介绍

各种互联网终端设备不断发展，从最早的台式机到笔记本，再到手机以及最近新型的物联网和可穿戴设备。电子设备联网的数量也从百万级别到了十几亿的级别，有人还预测未来联网设备的数量会达到万亿级。电子设备越来越便携，计算任务越来越复杂，设备数量越来越多，对网络的要求也大幅提高。

未来物联网的应用将会越来越广泛。但是物联网的这些传感设备和穿戴设备的电量和运算能力都十分有限。在设备上进行大量的运算是不现实的，这些运算必须要交给云端来做。

然而在传统的云计算中，云端服务器与设备终端的距离较远，传输的延迟较长，带宽较少，难以完成一些对实时性要求比较高的，或是有人机实时互动需求的计算任务。因此才诞生了边缘计算。边缘计算就是把"云端"放在离终端设备更近的地方。这样不仅解决了终端设备能力不足和时延要求的问题，也能允许更多的设备接入网络。在未来，用户的终端数量预测能达到万亿级别，采用边缘计算的网络能够更好地承担这些设备的网络传输需求，所以现在有关边缘计算的各种研究也非常热门。

边缘计算的架构大致可以分为三层，如图 6.17 所示，最底层是各种移动设备，

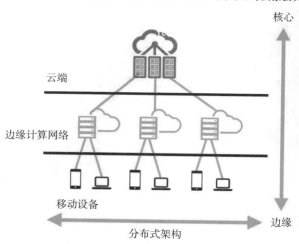

图 6.17 边缘计算的基本架构

包括手机、电脑、可穿戴设备、物联网设备、传感器等；中间一层的边缘计算网络部署在离设备比较近的地方，可以是固定的部署在商场或是学校等场景的某个位置，也可以部署在移动的车辆上，可以对边缘设备进行控制，也可以与其进行数据交互，代替边缘设备完成计算任务；如果需要有更大计算能力的任务或者是更大量数据的调用，就由边缘网络交由最顶层的云端数据中心来完成。

云计算和边缘计算的主要区别包含以下几个方面：

（1）从计算能力上来说，云计算的服务器要比边缘计算的单个服务器计算能力强。

（2）云计算的服务器是庞大且集中的；边缘计算的边缘服务器分散在不同的地理位置，每个服务器相对较小。

（3）云计算主要应用在对计算能力的要求比较高但是对时延要求不太高的场景中；边缘计算主要应用在对实时性和服务质量的要求都比较高的场景中。

（4）由于云计算是大量数据从设备直接传输到云端，因此对传输链路的要求比较高；边缘计算是从边缘服务器到设备连接，相对来说对传输链路没有那么高的要求。

（5）云计算的部署需要规划好，边缘计算的部署相对自由。

如图 6.18 所示，边缘计算系统可以分为三类：

（1）Push from Cloud：指将云端的服务和计算挪到边缘进行，从而可以降低服务的反应时间，提升用户体验；

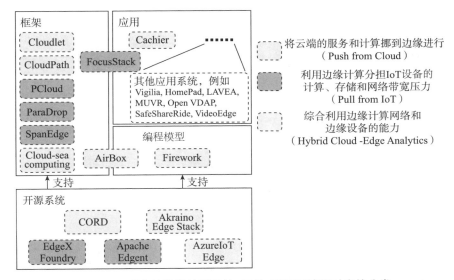

图 6.18　现有的边缘计算系统、工具、开源系统及对应的分类

（2）Pull from IoT：指利用边缘计算分担 IoT 设备的计算、存储和网络带宽压力。

（3）Hybrid Cloud-Edge Analytics：指综合利用边缘计算网络和边缘设备的能力，在边缘对数据进行聚合、过滤、处理，提升数据分析的服务质量。

6.3.2　边缘计算系统的设计

边缘计算的网络设计问题近年来有许多团队在进行研究。其中，Cloudlet 是最经典的架构之一。Cloudlet 的概念是 2009 年在美国卡内基-梅隆大学（Carnegie Mellon University，CMU）被提出。Cloudlet 位于三层边缘计算体系结构的中间层，可以在个人计算机、低成本服务器或小型集群上实现。Cloudlet 可以部署在方便的位置（如餐厅、咖啡馆或图书馆）。由于在网络上 Cloudlet 距离用户的移动设备只有一跳（one hop），因此它的低通信延迟，高带宽利用率提高了边缘计算的服务质量。

Cloudlet 主要有三个特点：

（1）Cloudlet 可以看作一个位于网络边缘的小型云计算中心。因此，作为应用程序的服务器端，Cloudlet 通常需要维护与客户端交互的状态信息。然而，与云计算不同的是，Cloudlet 并不为交互提供长期的状态信息，而是临时缓存一些状态信息，所以 Cloudlet 作为轻量级云的计算负担会比较小。

（2）Cloudlet 拥有足够的计算资源，使多个移动用户能够将计算任务卸载到它上面。此外，Cloudlet 还有稳定的电源，因此不需要担心能量耗尽。

（3）Cloudlet 部署在网络距离和物理距离都较短的地方，便于控制网络带宽、延迟和抖动。此外，物理邻近性使得 Cloudlet 可以为用户提供基于位置的服务。

Cloudlet 的结构如图 6.19 所示。其中标了 A、B、C 的地方就是 Cloudlet 支持用户移动性的三个关键机制。

（1）A 是 Cloudlet 发现：移动设备可以快速地覆盖周围可用的 Cloudlet，并选择最适合卸载任务的 Cloudlet。

（2）B 是虚拟机（Virtual Machine，VM）配置：配置和部署 Cloudlet 上的服务器 VM 的代码，以便客户机可以使用它。

（3）C 是 VM 切换：当用户移动到另一个 Cloudlet 节点的管辖范围时，将运行应用程序的 VM 迁移到另一个 Cloudlet。

Cloudlet 的典型应用案例是在 VR/AR 领域。由于穿戴设备的能源和计算能力不足，而且 VR/AR 是要对设备拍摄的内容进行实时处理，对带宽和时延的要求比较高，所以选择用 Cloudlet 来做边缘计算。

图 6.20 展示了 Cloudlet 在 VR/AR 中的应用方法。可穿戴设备可以采用三

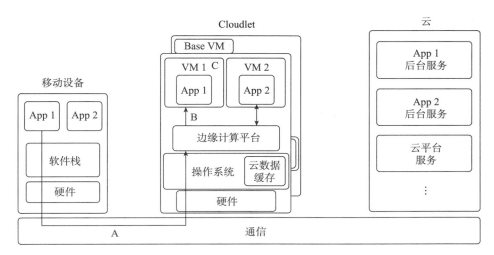

图 6.19　Cloudlet 的结构

种通信模式。在正常情况下,采用边缘计算的方法,用户的智能眼镜设备发现附近的 Cloudlet 并与之关联,然后将其用于计算任务的卸载,也就是图 6.20(a)所示的场景。Cloudlet 可以联系到云端以获得各种服务,如错误报告和使用日志记录。所有这些 Cloudlet 与云端的交互都在设备与 Cloudlet 交互的关键延迟敏感路径之外。当移动用户即将离开这个 Cloudlet 附近时,就会调用类似于 Wi-Fi 切换的机制,将该用户与另一个 Cloudlet 无缝地关联起来,以便下一阶段的使用。

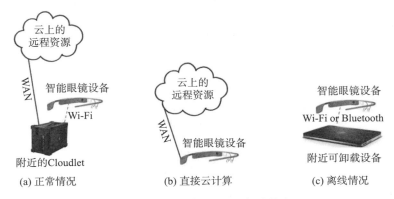

图 6.20　Cloudlet 在 VR/AR 领域的应用

如图 6.20(b)所示,如果没有合适的 Cloudlet 的话,那么用户设备将直接把任务卸载到云端。当有合适的 Cloudlet 可用时,可以恢复正常卸载。由于云端距离设备比较远,这种方式的带宽和延迟就会差一些。

　　图 6.20(c)所示的是最极端的情况,当设备无法接入互联网时,就假设用户会随身携带一个笔记本电脑或者是智能手机,把计算任务交给这些设备来完成,通过Wi-Fi 或者蓝牙进行设备连接。

　　Cloudlet 在 VR/AR 领域的应用如图 6.21 所示。每一个边缘节点都是由一个控制虚拟机、一个用户指导虚拟机和一系列认知虚拟机组成,每个认知虚拟机完成不同的计算任务。

　　控制虚拟机负责与可穿戴设备的所有交互,设备发送的传感器数据流由该虚拟机接收和预处理。例如,压缩图像到原始帧的解码由控制虚拟机执行处理。这避免了在每个认知虚拟机中重复解码。发布/订阅(Publish/Subscribe)机制用于将传感器的数据流分发给认知虚拟机。通用即插即用(Universal Plug and Play,UPnP)发现机制用于发现感兴趣的传感器数据流。

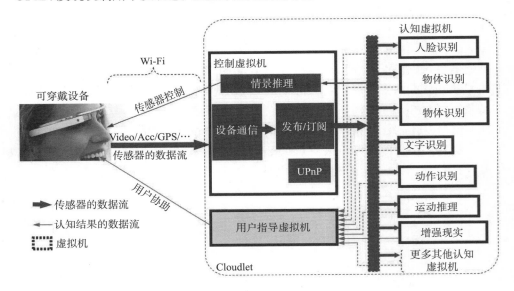

图 6.21　Cloudlet 在 VR/AR 领域的应用

　　认知虚拟机的输出被发送到用户指导虚拟机,该虚拟机集成这些输出并执行更高级别的认知处理,用于与用户进行交互。例如用户现在看到了一个人,他想知道有关面前这个人的信息。如果他的眼镜设备已经连接到了一个边缘节点,会首先将压缩的图片或者视频内容发给这个节点上的控制虚拟机,之后控制虚拟机会对这个信息进行解压,然后交给一系列的认知虚拟机进行人脸识别、物体识别、动作识别等各种计算,之后将计算结果反馈给用户指导虚拟机,再反馈给眼镜设备。这时眼镜会发出一个语音提示告诉用户面前这个人是谁,在做什么事情,或类似的信息。

CloudPath 也是一种 Push from Cloud 的网络架构。CloudPath 是 2017 年多伦多大学研究提出的边缘计算架构,如图 6.22 所示。

CloudPath 网络架构的底层是用户设备,顶层是云计算数据中心。系统沿路径将数据处理任务进行分配,以支持不同类型的应用程序,如物联网数据聚合、数据缓存和数据处理服务等。开发人员可以综合考虑成本、延迟、资源可用性和地理覆盖等因素,为其服务选择最佳的分层部署计划,这种方式被称为路径计算,也就是 Path-Computing。这种结构能够优化边缘计算为用户提供服务的响应时间,提高带宽的利用率。

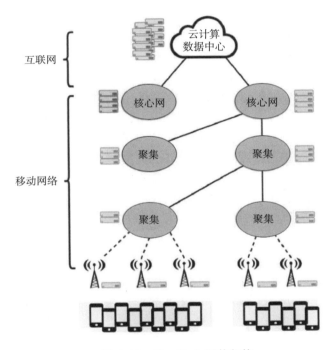

图 6.22　CloudPath 网络架构

ParaDrop 是 Pull from IoT 的一种网络架构,由美国威斯康星大学麦迪逊分校(University of Wisconsin-Madison)提出,如图 6.23 所示。它的目标是以用户友好的方式加入边缘计算。ParaDrop 将现有的接入点变成一个边缘计算系统,这个系统像普通服务器一样提供应用程序和服务。为了在多功能场景下隔离应用程序,ParaDrop 利用轻量级容器进行分隔。由于边缘设备的资源非常有限,与虚拟机相比,容器消耗的资源更少,更适合于延迟敏感和高 I/O 应用。

ParaDrop 服务器(在云中)控制应用程序的部署、启动和删除,它提供了一组 API,开发人员可以通过这些 API 监视和管理系统资源,并配置运行环境,还提供

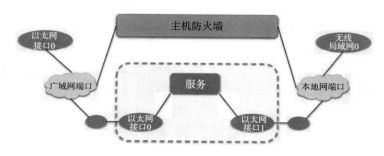

图 6.23 ParaDrop 网络架构

了 Web 用户界面(User Interface,UI),用户可以通过它直接与应用程序交互。

ParaDrop 的优势包括:

(1) 由于敏感数据可以在本地处理,保护了用户隐私;

(2) Wi-Fi 接入点距离数据源只有一个跳,网络时延低,连接稳定;

(3) 用户请求的数据通过互联网传输到设备,从而减少了骨干网的总业务量,节省了骨干网的带宽;

(4) 网关可以通过无线信号(如设备之间的距离和特定设备的位置)获取边缘设备的位置信息,有利于提供基于位置的服务。

云海计算系统属于 Hybrid Cloud-Edge Analytics 类型,是中国科学院的研究项目如图 6.24 所示。"云"是指数据中心,"海"是指客户端。在"海"端,一个海域(sea zone)内可以有多个客户端设备,每个设备可以是面向人类的或是面向物理世界的。

每一个海域内,有一个专用设备(如家庭数据中心或智能电视)被指定为海港,其作用为:① 将海域连接到云端的网关;② 海域内信息和功能的收集点;③ 保护海域安全和隐私的屏蔽,海域内的设备不直接与云端通信,而是通过海港进行通信。

北京大学的研究团队对云计算和多层边缘计算相结合的异构多层边缘计算(Heterogeneous multi-layer Mobile Edge Computing,HetMEC)架构进行了研究[35,36],如图 6.25 所示。在 HetMEC 架构中,下层边缘服务器无法处理的计算任务可以继续卸载到上层边缘服务器,直至云计算中心,从而可以有效避免网络阻塞和数据堆积,通过充分利用多层边缘计算和云计算的计算能力,有效减少了系统延迟。在从边缘节点到云计算中心的上行链路中,包含着多层不同功能的网络节点,无线接入点、交换机、网关、小型计算中心等,涵盖了局域网、城域网、广域网等多个层级,而具备计算能力的这些功能节点根据位置不同作为不同层级的边缘服务器,计算能力有异,覆盖范围不同。越向上层,计算能力越强,覆盖范围越大,距离边缘设备也越远。

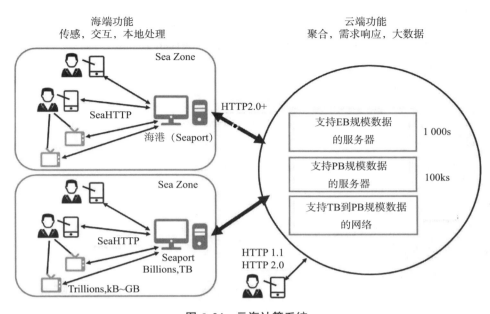

图 6.24　云海计算系统

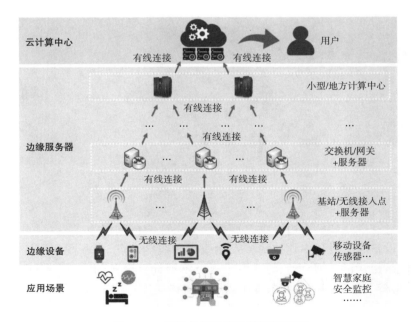

图 6.25　异构多层边缘计算网络架构

在实际应用场景中,移动边缘设备的计算、通信资源都是有限的,仅仅依靠移动边缘设备很难保证计算业务的可靠性。为了解决这个问题,北京大学团队提出了多层协同合作边缘计算框架 EdgeFlow,这个框架可以构建相应的任务卸载从而优化任务延时,并且给出解决方案。

EdgeFlow 如图 6.26 所示。包括最上层的云计算中心、中间层的多层边缘服务器和底层的边缘设备,以应对众多物联网应用场景下的计算任务,诸如健康监测、智慧家庭、安全监控等。其中底层的边缘设备负责采集原始数据,经由边缘计算将部分计算结果和剩余的原始数据通过无线链路上传至无线接入点,之后再经过逐层的有线传输和计算之后,将结果汇总到云计算中心。

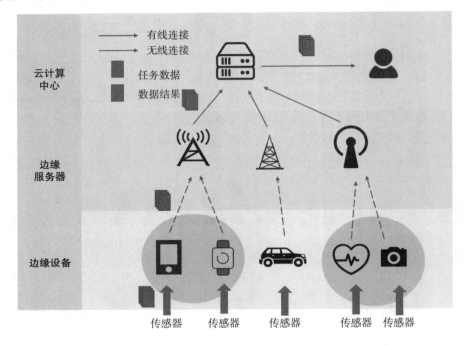

图 6.26　EdgeFlow

云计算中心和每个边缘服务器都具备一定的传输能力,连接到同一节点的多个下层设备通过时分多址技术接入无线或有线接入点,而不同的无线接入点的传输频段是相互正交的,小区间互不干扰。不同计算设备的计算过程和传输过程可以并行,待上传处理的原始数据不需要等待该层计算结束后和结果一起传输,而可以先上传至上层计算,以减少不必要的等待时间。

EdgeFlow 优化了 HetMEC 网络中的任务卸载比例、计算资源分配和传输资源分配,有效地分散了计算压力、降低了系统时延、提升了网络的健壮性。根据分析和实验结果得出,网络的健壮性与网络架构和资源配置情况密切相关。在计算资源受限的情况下,增加边缘服务器的层数能够有效地增强网络健壮性。在传输资源受限的情况下,在阻塞层之上引入更多层的边缘服务器并不能提升网络健壮性。

HetMEC 架构为云边融合的万物互联网络和众多低时延的物联网应用提供了新的思路和理论基础,能够将更丰富的计算资源带到用户身边,使得用户更加方便快捷地享受物联网带来的生活质量的提升。

参考代码见:https://github.com/labbook1/Modern-mobile-communication-and-network-technology

6.3.3　边缘计算开源平台

除了研究人员提出的不同边缘计算网络架构,许多企业近些年来开发了多种边缘计算开源平台,利用这些开源平台提供的服务,开发者们可以进行应用的开发。现有的边缘计算开源平台包括,EdgeX Foundry、Apache Edgent、Azure IoT Edge 等。

EdgeX Foundry 是物联网边缘计算的标准化互操作性框架。它可以通过不同的协议与各种传感器设备连接,管理他们并从中收集数据,然后将数据传输到边缘或云端的本地应用程序以进行进一步的处理。

图 6.27 中显示了 EdgeX Foundry 的平台架构,底部是"南侧"包括所有设备、传感器、执行器等;顶部是"北侧"包括收集、存储、聚合、分析数据并将其转换为信息云(或企业系统)以及与云通信的网络部分。EdgeX Foundry 将这两部分连接起来,将物联网对象的操作方法从南侧统一到一个通用的 API,以便北侧的应用程序可以以相同的方式操作这些对象。

EdgeX Foundry 由一组微服务组成,这组微服务包括四个服务层和两个底层扩充系统服务。四个服务层分别是设备服务层、核心服务层、支持服务层和导出服务层;两个底层扩充系统服务分别是系统管理和安全。

(1)设备服务层:该层由设备服务组成。它根据设备配置数据转换格式,将数据发送到核心服务层,并转换来自核心服务层的命令请求。

(2)核心服务层:该层由四个组件组成:核心数据、命令、元数据和注册表配置。核心数据存储和管理从底部对象收集的数据;命令为从顶部到设备服务的请求提供 API;元数据为物联网的对象提供存储库和管理服务,例如,设备配置文件被上传并存储在元数据中;注册表配置为其他微服务提供配置和操作参数的集中管理。

(3)支持服务层:支持的是边缘分析和智能化。目前实现了规则引擎、警报与

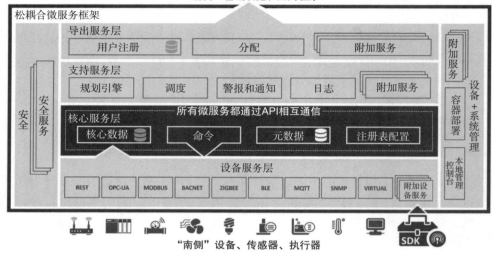

图 6.27　EdgeX Foundry 平台架构

通知、调度和日志记录这几个微服务。规则指的是达到某些条件触发特定的设备动作,规则引擎通过监视传入的数据来帮助实现规则;当紧急启动或服务故障发生时,警报与通知向其他系统或人员发送通知或警报信息;调度可以设置一个定时器来定期清理过时的数据;日志记录用于记录 EdgeX Foundry 的运行信息。

(4)导出服务层:连接 EdgeX Foundry 系统和顶部,包括客户端注册和导出分发。客户端注册是指让特定云或应用程序等客户端注册为核心数据的收件人;导出分发是将数据分发给在客户端注册的客户机。

(5)系统管理和安全:系统管理提供管理操作,包括安装、升级、启动、停止和监视,因为 EdgeX Foundry 是可扩展的,可以动态部署;安全的目的是保护与 EdgeX Foundry 连接的物联网对象的数据和命令。

Apache Edgent 是一个开源编程模型,用于边缘的路由器和网关等小型设备。Apache Edgent 关注的是边缘的数据分析,目的是加速数据的分析处理能力。作为一种编程模型,Apache Edgent 提供 API 来构建边缘应用程序。Apache Edgent 的模型结构如图 6.28 所示。Apache Edgent 使用拓扑来表示数据流的处理转换,这些数据流被抽象为 Tstream 类。连接器(Connector)负责从物理设备获取数据流并将数据流发送到云。Apache Edgent 中的主要 API 负责数据分析工作。数据流可以通过拓扑中的这些操作进行过滤、数据分割、数据变换。供应商(Provider)

就相当于一个工厂一样,创建和执行其中的拓扑。

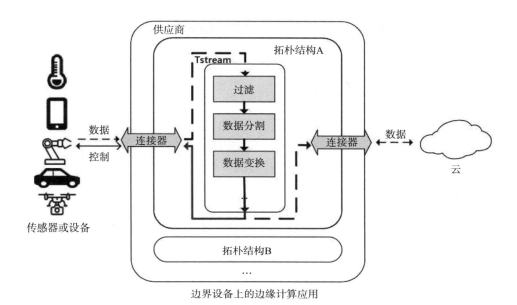

图 6.28 **Apache Edgent 架构**

构建一个 Apache Edgent 应用程序时,用户首先应该获得一个供应商,然后创建一个拓扑并添加处理流来处理数据流,最后提交拓扑。

Apache Edgent 应用程序可以分析来自设备的数据,并将必要的数据发送到后端系统进一步分析。对于物联网的应用,Apache Edgent 有助于降低传输数据的成本,适用于智能交通、自动化工厂等物联网领域的应用。

Azure IoT Edge 是微软开发的项目,旨在将云分析转移到边缘设备,降低延迟。这些边缘设备可以是路由器、网关或其他能够提供计算资源的设备。Azure Function、Azure ML 和 Azure 数据分析等服务可用于在边缘设备上部署复杂的任务,如机器学习、图像识别和其他有关 AI 的任务。如图 6.29 所示,Azure IoT Edge 由三个组件组成:modules、runtime 和云端的接口。所有 modules 负责运行客户代码或实例;runtime 管理这些模块;云端的接口对边缘设备进行监控和管理。通过这个接口,用户可以创建边缘应用程序,然后将这些应用程序发送到设备,并监控设备的运行状态。

Azure 目前在智能制造、灌溉系统、无人机管理系统等方面都有应用案例。虽然 Azure IoT Edge 是开源的,Azure Function、Azure ML 等服务是收费的。

OpenEdge 是百度云自研的边缘计算框架,主要目的是为了贴合工业互联网

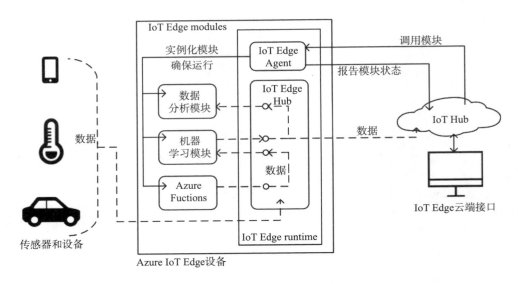

图 6.29 Azure IoT Edge 架构

应用,将计算能力拓展至用户端,提供可临时离线、低时延的计算服务。OpenEdge 的运行模式分为 naive 模式和 docker 容器模式。

以 naive 模式为例来看 OpenEdge 的架构如图 6.30 所示。OpenEdge 主要包括四大模块:

(1) 主程序:负责与云端建立控制通道,并控制边缘设备的功能和行为;

(2) 消息队列遥测传输(Message Queuing Telemetry Transport,MQTT)远程通信模块:负责建立边缘设备与云端的数据通道,完成物联网数据通信;

(3) 本地 Hub 模块:完成边缘设备内部数据的连接;

(4) 函数计算模块:完成用户自定义的边缘计算任务的运行和管理。

OpenEdge 的目标是通过这个架构,满足工业生产、城市监控等大多数物联网场景的通用需求。

KubeEdge 是华为开发的,基于 Kubernetes 云计算平台进行扩展的,提供具有云边协同能力的开源边缘计算平台。如图 6.31 所示,KubeEdge 重点要解决的是云边协同、资源异构、大规模、轻量化以及一致的设备管理和接入体验。

KubeEdge 架构分为三层:云端、边缘和设备层,是一个从云端到边缘再到设备的完整的开源边缘云平台。

KubeEdge 的边缘包含五个组件:

(1) 边缘节点模块(Edged)是重新开发的轻量化 Kubelet 组件,实现资源对象

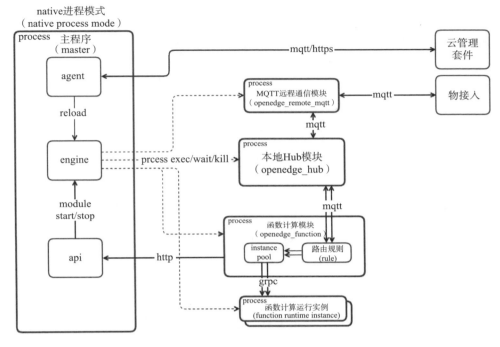

图 6.30　OpenEdge 架构

的生命周期管理；

（2）元管理器（MetaManager）负责本地元数据的持久化，是边缘节点自治能力的关键；

（3）边缘枢纽（EdgeHub）是多路复用的消息通道，提供可靠和高效的云边信息同步；

（4）设备孪生（DeviceTwin）用于抽象物理设备，在云端生成一个设备状态的映射；

（5）事件总线（EventBus）订阅来自 MQTT 代理（MQTT Broker）的设备数据。

KubeEdge 的云端进程包含两个组件：

（1）云端枢纽（CloudHub）接收 EdgeHub 同步到云端的信息；

（2）控制器（EdgeController）控制 API Server 与边缘的状态同步。

2018 年，华为开发的 KubeEdge 边缘计算平台发布。在发布会上，展示了一个基于 KubeEdge 管理摄像头的智能园区考勤系统案例。

在园区内部署的摄像头作为系统的边缘设备，KubeEdge 的 Edge 部分部署在

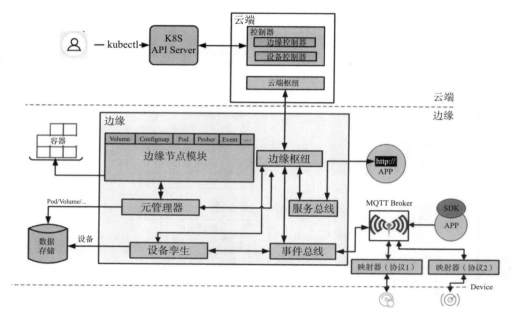

图 6.31 KubeEdge 架构

边缘节点上,完成对设备上传的人像监测和人脸提取,经过人脸识别完成考勤任务。在云端部署 KubeEdge 的 Cloud 部分,与 Edge 部分互相通信,云端可以对边缘节点的任务进行管理,同时接收来自边缘节点提炼的信息,优化智能视频分析相关的算法。

CORD 是由 AT&T 发起的一个开放源码的项目,是为网络运营商设计的。目前的网络基础设施是由网络设备供应商提供的封闭的专有集成系统构建的。由于网络缺乏灵活性导致计算机和网络资源的利用率低。CORD 计划重新构建边缘网络基础设施,分割计算、存储和网络资源,以便这些数据中心可以充当边缘的云,为终端用户提供灵活的服务。

CORD 是一个由商用的硬件和开源软件构建的集成系统。CORD 的硬件架构如图 6.32 所示。它采用的网络拓扑结构,与传统的三层网络拓扑结构相比,增加了交换网络,可以提供可扩展的吞吐量。根据不同的用例,CORD 用户可以分为三类:移动用户、企业用户和住宅用户。由于接入技术的不同,每一类用户都需要接入不同的硬件。

如图 6.33 所示,OpenStack 提供了用于 CORD 的基础设施功能,它管理计算、存储和网络资源以及创建虚拟机和虚拟网络;Docker 用于在容器中运行服务;ONOS 是一种网络操作系统,用于管理网络组件,为终端用户提供通信服务。

XOS 是一种嵌入式实时操作系统,提供用于组装服务的控制平台。

到目前为止,CORD 的部署依然在网络运营商之间进行测试,需要更多的研究将 CORD 与各种边缘应用结合起来。

Akraino Edge Stack 项目由 AT&T 发起,现在由 Linux 基金会托管,是一个为边缘基础设施开发整体解决方案的项目,目标是给网络运营商使用,以支持高可用性的边缘云服务。

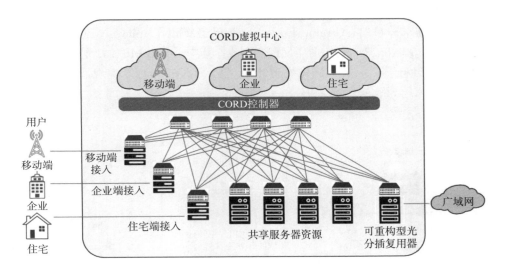

图 6.32　CORD 的硬件架构

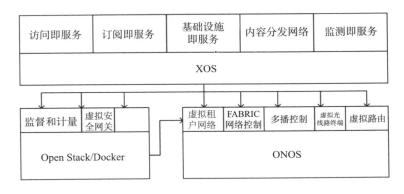

图 6.33　CORD 的软件架构

为了提供一个整体的解决方案,Akraino Edge Stack 涉及从基础设施层到应用程序层的全部范围。图 6.34 把 Akraino Edge Stack 项目分为三层：边缘应用程序开发层，主要涉及 Akraino Edge 应用程序的开发，未来还希望能创建出 Akraino Edge 的应用生态环境；边缘中间件 API 开发层由支持顶层应用程序的中间件组成，在这一层，Akraino 计划开发 Edge API 和框架，以实现与第三方 Edge 项目（如 EdgeX Foundry）的互操作；在完全集成的开放式边缘堆栈层，Akraino Edge Stack 打算与其他企业合作，为 Edge 基础设施开发一个开源软件栈，它能够促进底层基础设施的网络负载和任务负载协调，以满足边缘计算低延迟、高性能、高可用性、可扩展性的需求。目前，Akraino Edge Stack 已经提出了 micro-MEC 和 Edge 媒体处理（Edge Media Processing，EMP）等计划，其中 micro-MEC 计划服务于智慧城市的基础设施开发。Edge 媒体处理计划开发一个网络云，以实现低延迟的实时视频处理和 AI 分析。

图 6.34　Akraino Edge Stack 项目

在应用时，选择什么样的开源平台，可以考虑如下三种情况，如图 6.35 所示。

第一种情况：假设物联网边缘应用程序在局域网上运行，并且本地企业不需要第三方的云。在这种情况下，可以选择 EdgeX Foundry 或 Apache Edgent，因为它们允许用户构建和控制自己的后端系统，而不需要绑定到任何特定的云平台。此外，为了大规模地对边缘设备进行人工控制，EdgeX Foundry 具有较好的设备管理能力。如果考虑到数据分析，Apache Edgent 比 EdgeX Foundry 更可取，它提供了一个加速边缘分析应用程序开发的编程模块和一组强大的数据处理 API。

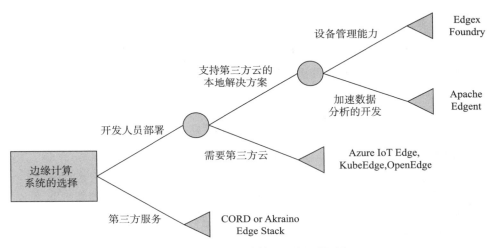

图 6.35 不同边缘计算开源资源的选择

第二种情况：用户希望将云端服务放到网络的边缘进行计算，在这种情况下，Azure IoT Edge 为开发人员提供了一种方便的方式，可以将应用程序从云端迁移到边缘设备，并在开发边缘系统时利用它的第三方收费的服务。OpenEdge、KubeEdge 也可以满足这样的需求。根据具体的应用场景，综合考虑平台提供的功能，从中选择合适的平台。

第三种情况：假设用户希望直接利用第三方服务部署边缘应用程序，而不需要在本地部署任何硬件或软件系统。在这种情况下，CORD 和 Akraino Edge Stack 是合适的，这些系统由电信运营商部署，电信运营商也是网络服务的提供者。因此，当边缘计算应用需要特殊的网络支持时，这些系统能够满足需求。例如，无人机上的边缘计算应用需要 5G 的支持，在这种情况下，直接使用这些系统提供的 MEC 服务是一个不错的选择。

6.4 智能电网

智能电网（Smart Grid）是一种智能化电网，被称为"电网 2.0"。智能电网技术用先进的通信技术、测量技术、设备技术、控制技术、大数据技术等赋能电力电网，在能源开发、发电、变电、输电、配电、调度、用电、售电等各个环节进行智能互动，形成良好的信息共享通道，从而为用户提供更高质量、更高能效、更低成本的电力资源。智能电网并不意味着从零开始的重新对电网进行规划，是对现有电网的升级和改善，以满足 21 世纪人们对于电力和电网的更高需求。

6.4.1 智能电网发展

智能电网相关研究最早开始于美国。20 世纪 90 年代末,由于电力系统老化、基础设施建设问题以及管理机制问题,美国国内大范围停电事故频发,每年造成的损失在 250 亿~1800 亿美元之间。

为了解决这些问题,美国于 2001 年正式提出了智能电网的概念。2003 年,美国出台了"Grid2030"计划,目标是到 2030 年在美国形成完备的信息化输配电系统。

在 2004 年,欧盟发起了 EU-DEEP 项目,重点解决分布式发电问题。2006 年欧盟理事会的能源绿皮书《欧洲可持续的、竞争的和安全的电能策略》,强调智能电网技术是保证欧盟电网电能质量的一个关键技术和发展方向。这时候的智能电网应该是指输配电过程中的自动化技术。

2009 年,日本开始了对智能电网的探索,成立了"智能电表制度研究会"等在内的 12 家相关研究会,开始了对智能电网的探讨。2010 年,日本东京电力、丰田汽车等超过 500 家电力相关企业联合成立了"智能电网联盟",开展对智能电网相关研究。

2007 年 10 月,华东电网正式启动了智能电网可行性研究项目,并规划了从 2008 年至 2030 年的"三步走"战略,即:在 2010 年年初步建成电网高级调度中心,2020 年全面建成具有初步智能特性的数字化电网,2030 年真正建成具有自愈能力的智能电网。该项目的启动标志着中国开始进入智能电网领域。

2009 年,我国第一条特高压输电线路正式投入运行,标志着我国在特高压、远距离、大容量输变电核心技术和自主知识产权方面取得重大突破,也为我国智能电网行业的发展打下了坚实的基础。同年,我国国家电网公司在"2009 特高压输电技术国际会议"上提出了名为"坚强智能电网"的发展规划,以传感技术为核心技术,利用传感器实时监控关键设备的运行状态,通过网络系统对获得的数据进行收集、整合、分析、挖掘,从而达到优化电力系统的目的。

6.4.2 智能电网系统介绍

1. 电网基本结构

电网是电力系统中各种电压的变电所及输配电线路等组成的整体。电网的任务是输送与分配电能,改变电压。

如图 6.36 所示是一个电力系统的流程图,从发电厂到用电端主要经历了发电、变电、输电、配电和用电五个环节。这一过程中,电网主要负责变电、输电、配电三个环节。

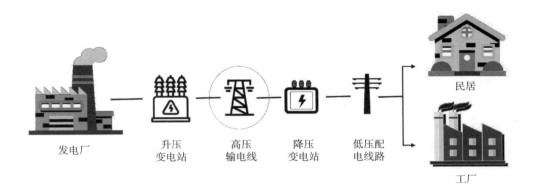

图 6.36　电力环节示意图

　　变电(Power Transformation)是指通过变电设备将电压由低等级转变为高等级(升压),或由高等级转变为低等级(降压)的环节。在电力系统中,由于用电端和发电厂往往距离遥远,为了减小输电线路上的电能损耗以及线路阻抗压降,电网会采用高压线路进行远距离电能传输,所以需要在发电端进行升压,在配电端,为了满足电力用户安全的需要,又要将电压降低,并分配给各个用户,这就需要能升高和降低电压,并能分配电能的变电所进行变电。电力系统中,发电机的额定功率在 20 kV 以下,常用输电网的电压等级最高可达 1 000 kV,配电网络的电压在 10 kV 以下,用电部门的用电器电压一般在 110 V、220 V、380 V,想要形成一个整体的用电流程,保证电能的质量以及设备的安全,变电必不可少。一般而言,变电所由电力变压器、配电装置、二次系统以及必要的附属设备组成。

　　输电(Power Transmission),输电网络又称为主网,输电即电能的传输,是指通过输电线路,将电能进行传输的环节。通过输电,把相距远的(可达数千千米)发电厂和负荷中心联系起来,使电能的开发和利用超越地域的限制,和其他能源的传输(如输煤、输油等)相比,输电的损耗小、效益高、灵活方便、易于调控、环境污染小;输电还可以将不同地点的发电厂连接起来,实行峰谷调节。输电是电能利用优越性的重要体现,在现代化社会中,它是重要的能源动脉。

　　按结构形式,输电线路可分为架空输电线路和地下输电线路。架空输电线路由导线、线路杆塔、绝缘子等构成,架设在地面上;地下输电线路主要使用电缆,敷设在地下或水下。输电按所送电流性质可分为直流输电和交流输电。直流输电最早在 19 世纪 80 年代首先成功实现,但是由于电压提不高的限制(输电容量大体与输电电压的平方成正比),在 19 世纪末被交流输电取代。交流输电的成功,迎来了 20 世纪的电气化时代。20 世纪 60 年代以来,由于电力电子技术的发展,直流输电又有了新发展,与交流输电相配合,形成交直流混合的电力系统。输电电压的高低是输电技术发展水平的主要标志。

配电(Distribution of Electricity),低压配电网络又称为配(电)网,在电网中起着电能分配的作用,其电压主要在 10 kV 以下。主要负责通过配电变压,从高压输电线路接受电能,并且逐级分配或者就地消费,向各种用户供电。一般而言,配电系统由配电变电所、高压配电线路、配电变压器、低压配电线路以及相应的控制保护设备组成。

2. 分布式电源系统

分布式电源系统是一种新兴的能源系统。

传统集中式供电系统采用大容量设备、集中发电,并且通过专门的输送设施(大电网、大热网等)将各种能量输送给用户。这一模式成本低廉、效益显著,但是也存在许多缺陷。首先,目前我国发电站以火力发电为主,电能生产过程会燃烧大量煤炭,释放大量温室气体,环保问题日益突出。同时,由于我国煤炭资源大部分分布在中西部地区,而中国主要的能源需求集中在东部和中部地区,电力供需空间分布不均匀,所以需要远距离传输电能。随着远距离传输网络不断完善,传输距离不断增加,受端电网对外来电力的依赖程度不断提高,电网运行的稳定性和安全性趋于下降,而且难以满足多样化供电需求。

分布式电源系统一般用于满足特殊需求或是支持现有配电网的运行,分散布置在用户附近、使用发电功率为 50 MW 以下的小型模块式、与环境兼容的独立电源。其发电方式包括太阳能发电、光伏电池、生物能发电、风能发电、燃料电池、燃气轮机、微机燃气轮机、内燃机以及存储控制的技术。分布式电源系统可以连接电网,也可以独立工作。

分布式电源系统位置灵活,直接面向用户,按用户的需求就地生产并供应,极好地适应了分散电力需求和资源分布,延缓了输配电网升级换代所需的巨额投资;使用清洁能源发电,具有污染少、能源利用效率高的优势;还可以与公共电网互为备用,改善供电的可靠性。

总的来说,分布式电源系统具有以下优点:

(1)分布式电源系统中各电站相互独立,一旦某个电站设备出现故障不会发生大面积停电事故,安全可靠性高;

(2)可实时监控区域电力的质量和性能,可以发电与用电并存,非常适合向农村、牧区、山区等偏远地区供电,可以一定程度上解决局部地区用电紧张的问题;

(3)调峰性能好,操作简单,由于参与运行的系统少,启停快速,便于实现全自动;

(4)分布式发电的输电距离短,输配电损耗低,无须建配电站,可降低或避免附加的输配电成本,土建和安装成本也很低;

（5）分布式电源系统可以在意外灾害发生、大电网出现故障时继续供电，是集中供电系统不可缺少的重要补充；

（6）可以满足特殊场合的需求，如用于重要集会或庆典的备用电源。

（7）分布式电源系统一般采用清洁能源，污染小、环保效益突出。

3. 微电网

微电网（Micro-Grid），又称微网。是一种将微型电源、负载、储能装置结合在一起的电网形式。作为一个独立的整体，微电网可以独立运行，也可以并网运行。微电网的提出旨在灵活、高效地应用分布式电源，解决形式多样的分布式电源系统的并网问题。微电网的开发和建设可以实现可再生能源的大规模接入，实现对负荷多种能源形式的高可靠供给，从而推动分布式电源系统的发展，保护环境，提高电网的可靠性。

微电网可以分为以下几个类型：

（1）直流微电网，直流微电网将分布式电源、储能装置、直流负载等均连接至直流母线，直流网络再通过逆变器连接至外部交流电网。通过逆变器转换，直流微电网可以向不同电压等级的直流、交流负载提供电能，分布式电源和负荷的波动可由储能装置在直流侧调节。

（2）交流微电网：分布式电源、储能装置等均通过电子装置连接至交流母线。交流微电网仍然是微电网的主要形式。通过对储能变流器开关的控制，可实现微电网并网运行与孤岛模式的转换。

（3）交直流混合微电网：既含有交流母线又含有直流母线，既可以直接向交流负荷供电又可以直接向直流负荷供电。

（4）中压配电支线微电网：以中压配电支线为基础将分布式电源和负荷进行有效集成的微电网，它适用于向容量中等、有较高供电可靠性要求、较为集中的用户区域供电。

（5）低压微电网：在低压等级上将用户的分布式电源及负荷适当集成后形成的微电网，这类微电网大多由电力或能源用户拥有，规模相对较小。

如图 6.37 所示是一个小型家庭微电网的示意图，太阳能电池板产生的直流电通过并网逆变器转换成交流电，这个交流电可以与市电频率和相位同步，从而可以直接给负载供电或者将电能出售给公共电网。风力发电设备产生的交流电通过设备整合之后直接提供给家用设备或者出售给公共电网。

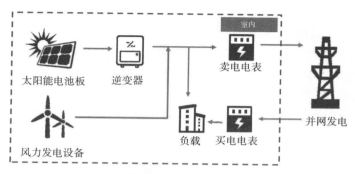

图 6.37 微电网系统

4. 智能电网的应用

智能电网的智能体现在电网的方方面面。如图 6.38 所示,一个从电厂到用户的智能电网全景展示。

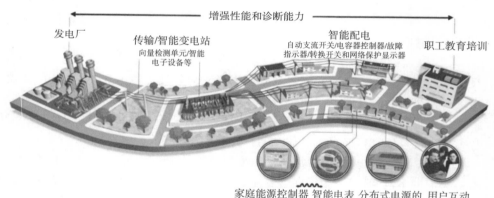

图 6.38 智能电网全景展示

对于公共电网,在传输和变电这两个环节,智能电网通过增加向量检测单元、增加智能电子设备等技术增强系统性能和故障检测能力;在配电环节,智能电网通过自动支流开关、电容控制器、故障指示器、转换开关和网络保护显示器智能的保护电网,快速排查故障以及减少能源浪费。此外,在用户端通过智能电表、家庭能源控制器等智能设备和智能技术实现电网透明化,达成和用户的良好互动。

对于分布式电源系统,智能电网推进了分布式电源的电网一体化,使得分布式电源系统产生的电能并网更容易,解决清洁能源入网问题。

此外,在移动通信时代,各种无线通信技术也在智能电网中有所体现。

在发电端,5G 的低时延、高可靠通信技术被应用于分散式风电组网管理与控制、新能源功率监测与状态感知等场景,这些场景对无线通信的连接数和时延有较高要求。例如,在集中式新能源监控中,需要高达百万级的连接数,风电的叶片变桨控制需要不超过 20 ms 的低时延。

在输电端,输电线路状态监测和无人机巡检等场景就用到了 5G 通信中的相关技术,这类场景对连接数和带宽要求较高。其中,对输电线路进行在线监测需要连接和管理千万级的传感器,无人机巡检线路则需要 100 Mbps 级的大带宽。

在变电端,5G 应用的主要场景是变电站智能巡检。借助智能机器人代替人工进入变电站内移动作业,可降低人工风险,提高工作效率。这类场景需要 100 Mbps 级的大带宽以支撑机器人回传高清视频。

在配电端,5G 的应用比较广泛,涵盖故障监测定位到精准负荷控制的全流程。这些应用对低时延的要求非常高,其中配电网保护与控制、智能配电网微型同步相量测量都要求低于 10 ms 的超低时延,基于用户响应的负荷控制也要求不超过 20 ms 的低时延。同时,这一环节需要管理的连接数也比较大,基本在百万级和千万级。

在用电端,5G 的应用也十分广泛,涉及用电信息采集、分布式电源及储能、电动汽车充电桩、智能家居等电能计量及用电管理的方方面面。这一层应用最突出的需求是广连接,基本在千万级甚至上亿级。

此外,对于分布式电源系统,无线通信技术被应用于能源的交易、调度、传输等一系列过程。例如,类似于无线路由,在分布式电源系统的能源交易过程中,存在一个电力路由器,用于完成交易处理、信息操作和电力调度控制等工作。

5. 智能电网的优势

传统电网是刚性系统,电源的接入、退出和电能传输等过程缺乏弹性,整个电网没有动态柔性和可组性,系统出现故障后无法自动进行检测与故障隔离,自愈性差,并且对客户的服务简单,单向信息传递无法实现与客户的良好互动与反馈。系统各个单元之间缺乏信息共享,局部自动化程度不断提高,但是难以形成一个有机的整体,所以整个电网智能化程度较低。

相比于传统电网,智能电网拥有诸多优点,如图 6.39 所示。

(1) 自愈性,即无论发生什么故障,智能电网都能自身解决从而保证电力系统的安全性。例如,在传统配电网中,设备一旦发生故障,往往采用人工方式进行检修,从故障设备定位、故障设备隔离、非故障区复电,往往要经历数个小时。但是在智能电网中,设备发生故障之后,智能电网会以最快的速度将故障设备从电网中隔离,冗余的设备可以保证系统的正常工作,非故障区可以在 30 s 之内进行复电,从而在几乎全自动状态下实现故障的自我修复。

图 6.39　智能电网特点

（2）坚强性，即智能电网可以保障在电网发生故障时，电网仍然可以保持正常运行而不发生大面积停电事故，即使是发生极端故障时，电网也能快速恢复，安全运行。此外，坚强性还要求智能电网具有确保信息安全和防计算机病毒破坏的能力。

（3）预测性，智能电网会充分考虑一系列重要的因素：系统运行特性、增容决策、社会影响和自然条件等，运用神经网络、回归分析、模糊预测等算法，对未来一段周期内的电力负荷进行持续预测，根据预测结果实施灵活的电力调度策略，从而提升发电效率、降低发电成本。

（4）集成性，智能电网集成了检测、维护、控制、保护、调度、后台等系统，有利于智能电网在优化流程、整合信息、调度自动化、管理生产等行为上形成统一化和规范化的全面决策。

（5）交互性，是用户和电力市场形成良好的交互。传统电网中，电网与用户之间没有通信，而在智能电网系统中，电网与用户之间采用双向通信，两者之间可以实时交互信息。通过应用软件，供电公司可以实时给用户发送其电力消费账单、实时电价、计划停电信息等，用户可以根据这些信息制订合适的用电计划，并结合智能家电及相关应用适时调整。

（6）协同性，即智能电网可以协调管理超越地理和组织边界分布的资源、设备、信息系统。

（7）兼容性，智能电网支持分布式能源接入，能够兼容各种发电、储能、检测、管理系统,可以解决传统电网中清洁能源入网难的问题,从而能够更好地提升风能、太阳能等清洁能源的接入、调节、存储能力和利用效率,从而推动清洁能源的发展。

(8) 环保,相比于传统电网,智能电网可以更好地利用各种清洁能源,从而节约煤炭消费、保护环境。

6.4.3　智能电网系统设计

在未来的智能电网中,分布式电源系统将是一大趋势。

未来的能源用户可以通过标准化、模块化的分布式能源接口来控制和规划他们的能源需求。在分布式电源系统中,电能用户可以成为电能的提供者,这意味着普通的用户不仅可以通过配备家庭微电网生产电能用于满足日常用电需求,还能向其他用户或者公共电网出售多余电能,这使得分布式的电能用户可以通过灵活的点对点电力调度来实现供需平衡,从而减轻对电网的需求负荷波动、减少电能的浪费。

点对点电力调度根据电流的运行方式可分为交流和直流两种类型。目前在交流电网中,点对点电力调度相关技术已经相当成熟。由于大多数分布式能源系统具有直流输出,大量直流输出的分布式能源系统为交流电网带来了更大的挑战,但是目前这一块的理论和研究相对电力较少。直流电网的点对点电力调度有助于解决这一问题。

1. 电力分组局域网电力调度

类似于无线局域网,在点对点电力调度领域也有电力分组局域网(Local Area Packetized Power Network,LAPPN)来实现可靠的端到端电力调度。

LAPPN 通过一个多路电力路由来连接所有的电能用户,并且实现电能用户之间的电能交易。为了在直流分组电网中实现高效的电力调度,需要开发有效的用户匹配和传输调度。分组电力调度协议可用于对 LAPPN 进行调度和调节[37]。

如图 6.40 所示是一个电力分组局域网(LAPPN),它由几组地理上相邻的能源用户组成,这些能源用户都配备了分布式能源系统以及蓄电池。一个核心电力路由器连接了所有能源用户,并通过直流电源线连接到公用电网。这个电力路由器配备了 LAPPN 管理系统,用于交易处理、信息操作,电力调度控制。每个能源用户都有一个唯一的 IP 地址,并与路由器独立通信,不与其他能源用户共享信息。

为了方便电能的传输和交易,LAPPN 将待交易的电力能源打包为一个电力包,并允许多个需求供给对同时交易电力包。

如图 6.41 所示是一个电力包,一个电力包由头部、有效负载、尾部组成。电力包头部主要包含启动信号和能源需求者地址信息;有效负载部分负责携带能量;尾部包括电力包末端标记。

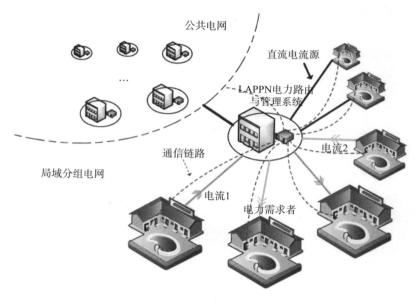

图 6.40 电力分组局域网

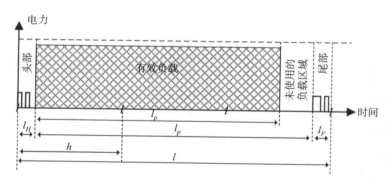

图 6.41 电力包

类似于无线信道，LAPPN 使用电力信道（Power Channel）来描述路由器中一个需求-供给商对之间用于电能传输的介质。每个电力信道以 TDM 方式工作，一次只能发送一个电力包。假设 LAPPN 电力路由器有多个电力信道来支持多个需求-供给商对同时并行交易它们的电力包，如图 6.42 所示，在分组电力传输中，供应商向路由器发送带有需求者地址信息标记的电力包。路由器为这种传输分配一个电力信道，并根据地址将数据包转发给需求者，需求者接收电力包并且存储或消耗能量。

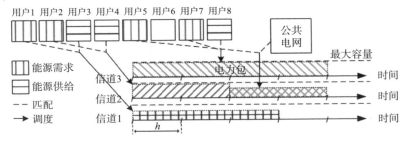

图 6.42　电力信道工作示意图

　　对一个电能用户来说,它可以是一个需求者,也可以是一个供应商,这取决于它是想买入还是想卖出电能。设 P^{sup}、P^{dem} 和 P^{loss} 分别表示供应商的出口功率、需求者的接收功率和相应的功率传输损失。设 $P_{\text{max}}^{\text{ch}\,n}$ 表示电力信道的最大容量。他们满足:

$$P^{\text{sup}} = P^{\text{dem}} + P^{\text{loss}} \leqslant P_{\text{max}}^{\text{ch}\,n}$$

　　可以使用 ε 来表示传输损失因子,定义为:

$$\varepsilon = \frac{P^{\text{loss}}}{P^{\text{sup}}} = \frac{r_{\text{loss}}}{r_{\text{loss}} + R^{\text{dem}}}$$

其中,r_{loss} 表示供应商和需求者之间传输介质的电阻,R^{dem} 表示需求者的电阻。为了便于计算,不考虑由于路由器转发而造成的功率损耗,并假设 r_{loss} 是供应商与需求商之间的距离 d 的线性函数,即 $r_{\text{loss}} \propto d$。给定能源供应为 E^{sup},能源需求为 D^{dem},供求平衡可以用数学形式表示为:

$$E^{\text{sup}} = \frac{D^{\text{dem}}}{1 - \varepsilon}$$

　　由于端到端的分组电力传输允许电能用户选择与其合作的能源用户,并在传输规范的条件下需要与合作者提前确定有效负载的形式,因此它需要这些能源用户在传输之前进行配对。与时分多路复用一样,由于电力信道有限,能源用户必须随着时间的推移对有限资源进行竞争。为了解决这些问题,基于这一模型的分组电力调度协议可以解决这一问题,规范 LAPPN 的运行。

　　管理系统首先将需要的能源用户和公用电网映射为需求-供给对,然后将不同的需求-供给对有序地调度到不同的功率通道,最后进行多对同时的电能交易。

　　如图 6.43 所示,为了实现高效的电力调度,LAPPN 管理系统将整个电力调度过程分为三个顺序事件周期:① 用户匹配;② 传输调度;③ 电力包传输。

　　(1)用户匹配。该过程使具有电能交易请求的电能用户通过共享信息,寻求合作的电能用户并形成需求-供给对。只有在即将到来的第 n 个电力调度周期中

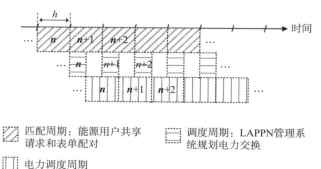

图 6.43　电力调度过程

至少有一个空闲电力信道时,第 n 个匹配周期(Matching Cycle)才对电能用户开放,这个匹配周期也被称为开放匹配周期(Open Matching Cycle)。

假设有 M 个可用信道,并使用 $C=\{1,2\cdots,m\cdots,M\}$ 表示可用电力信道集。开放匹配周期包括以下过程:

① 通知(Notification),通知的作用是管理系统,为下一个调度周期释放每个电力信道的最大可用传输容量 $\varepsilon_{\max}^m$,其中

$$\varepsilon_{\max}^m=N^m h p_{\max}^{ch\,n}$$

N^m 是电力信道 m 的可用时隙数量。为了防止长信道占用相同的需求-供给对,在每个调度周期,每个电力信道只能在有限的占用时间内调度。设 $N_{\max}$ 表示在单个调度周期中可以调度的最大时隙数。由于上述条件,要进行开放匹配周期,至少有一个电力信道必须处于空闲状态,并且具有最大可用时间长度。然而,并不是所有的电力信道都需要有 $N_{\max}$ 个可用的时隙,因为其中一些可能仍然被前调度周期中计划的任务占用。假设 N_m^{un} 表示通道 m 的不可用时隙,可得:

$$N^m=N_{\max}-N_m^{un},\ 令\ \varepsilon_{\max}=\max(\varepsilon_{\max}^1\cdots,\varepsilon_{\max}^m),从而可得:$$

$$\varepsilon_{\max}^m\leqslant\varepsilon_{\max}=N^m h p_{\max}^{ch\,n}$$

② 注册(Registration),需求或是供给电能的能源用户需要在交易平台上注册,并且向系统报告其能量需求范围$[D_{\min}^a,D_{\max}^a]$或可用电量输出范围$[E_{\min}^a,E_{\max}^a]$以及可行的发电或接收的电量范围$[P_{\min}^a,P_{\max}^a]$。$E_{\max}^a$ 和 $D_{\max}^a$ 必须满足

$$E_{\max}^a\leqslant\varepsilon_{\max},D_{\max}^a\leqslant\varepsilon_{\max}$$

③ 信息共享(Information Sharing),每个需求者都可以接收供应商的请求信息,每个供应商都可以接收需求者的请求信息。

④ 排序(Ranking),每个电能用户根据自身的偏好对潜在的合作用户进行排序,并生成其潜在用户的排序列表,以构成一对。

⑤ 匹配(Matching)，管理系统协助电能用户形成需求-供给对确定其电能传输规格，其步骤如表 6.5 所示，其中 PL 表示备选者列表(Preference List)。

表 6.5　供需对匹配步骤

步骤 1 初始化(initialization)

　 * 每个需求者 ES^i 初始化其 PL，用 $p(i)$ 表示

　 * 每个供应商 ES^j 初始化其 PL，用 $p(j)$ 表示

步骤 2 提案(proposal)

　 * 每个未匹配的需求者 ES^i 向其 PL 上的第一个 ES 提出提案，并且把这个 ES 从其 PL 上删除

步骤 3 回应(response)

　 * 每个接收到提案的供应商 ES 根据需求者 ES 的配额和 PL 保留最合适的需求者 ES，并拒绝其他需求者 ES

步骤 4 检查(check)

4.1 * 如果所有的 ES 都配对成功，进入步骤 5，否则进入步骤 4.2

4.2 * 如果所有的需求者 ES 的 PL 清空，进入步骤 5，否则进入步骤 2

步骤 5 终止匹配(termination)

* 供需双方形成稳定的匹配关系

　 * 管理程序生成一组匹配的供需对 K

(2) 传输调度(Transmission Scheduling)：调度周期在开放匹配周期之后被激活。如果第 n 个电力调度周期中的所有电力信道都由以前的调度周期安排，由于当前时刻所有的电力信道都被占用了，就不会有任何开放匹配周期。因此，在第 n 个调度周期中，LAPPN 管理系统只会不断刷新所有的请求信息。根据需求-供给对的功率分组传输请求，管理系统根据特定的机制将这些需求-供给对分配给不同的信道，并确认他们的功率传输特性，在调度周期内，路由器的最大容量 $E_{\max}^{all}$ 为 $E_{\max}^{all} = \sum_{m \in C} \varepsilon_{\max}^m$。如果 $E_{\max}^{all}$ 不足以支持所有需求-供给对，则无法容纳的需求-供给对将不得不等待下一个活动调度周期。如果在所有需求-供给对被安排后仍然有可用的电力信道，LAPPN 管理系统将使用这些信道来支持一些不匹配的电能用户和公用电网之间的功率交换。

(3) 电力包传输：LAPPN 管理系统在调度周期中接受电能用户的传输请求后，电能需求者向路由器发送确认信息，并准备在预定时间内导出或接收电力包。如果路由器在预定时间之前没有收到任何电能用户对需求-供给对的确认，则分配给该需求-供给对的电力信道将被取消，供给电能用户将不被允许输出能量。

2. 多路由电力调度

在点对点直流电力调度领域,现有的工作一般只考虑了连接到同一路由器的需求-供给对电能用户之间的电力调度。在更一般的场景中,包括多个需求-供给对以及多个路由器,那么就需要一种具有多个路由器的 LAPPN 电力调度协议[40]。

如图 6.44 所示,多个路由器的 LAPPN,由若干直流电源线连接的电力路由器组成,其中每个电力路由器都配备一个控制器,可以用来处理交易、操作信息和控制电力调度。每个路由器都会连接到公用电网。公用电网可以采用直流或者交流配电,如果公用电网采用交流配电,供应商产生的直流电在进入电网前需要进行DC/AC 转换,转换为交流电。

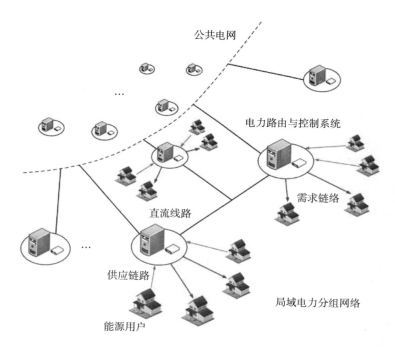

图 6.44　多个路由器的 LAPPN

电能用户可以被分为两类:一类是电能供应者,另一类则是电能需求者。用电力信道描述使用以输电线路和电力路由为媒介在两个电能用户之间进行电力传输。电力信道同样采用 TDM 方式工作。电力信道的最大容量必须大于电能需求者的最大接收容量和电能供应者的最大发送能量。

每个电能用户都有一个唯一的 IP 地址,并与其连接的路由器独立通信。在点对点的电力传输过程中,电能供应者将带有电能需求者相应地址信息的电力包发送到路由器。路由器为这一传输分配一个电力信道,然后将电力包转发给相应的电能需求者或与能需求者相邻的路由器。

具有多个路由器的 LAPPN 电力调度协议,电力包的传输由四个步骤组成: ① 注册(Registration);② 路由(Routing);③ 调度(Scheduling);④ 传输(Transmission)。

(1) 注册。在注册步骤中,电能用户在交易平台上注册为需求者或供应商。供应商需要报告其提供的最大电量范围 $E_\mathrm{s}^{\exp}$,对于需求者,它还需要报告其所需的电量范围$[E_\mathrm{d}^{\min}, E_\mathrm{d}^{\max}]$,以确保电路不会过载。此外,需求者需要通知交易平台一个紧急因素 $k_0(d)$ $(k_0(d) \geqslant 1)$,用来表明它购买电力包的紧迫性。供应商需要通知平台一个因素 $\vartheta(s)$ $(\vartheta(s) \geqslant 1)$,这表明它愿意出售电力包的紧迫性。$k_0(d)$ 可视为需求者可以提供购买电力包的成本,$\vartheta(s)$ 可视为出售的电力包的价格。

(2) 路由。在路由步骤中,由于电力包可能被传输到与其他路由器相连的需求者。因此,控制器需要确定供应商和需求者之间通过的路由器。假设控制器具有路由器和电能用户的所有信息,例如路由器和电能用户之间的拓扑连接和传输损耗因子。供应商将在传输前向路由器发送请求。控制器需要根据网络信息和上一个周期的请求来确定哪个需求者与供应商匹配。如果配对需求者与供应商没有连接到同一路由器,控制器还需要规划传输路线,以最大限度地利用总接收能量。

(3) 调度。在调度步骤中,由于电力信道容量有限,因此路由器也需要分配电力信道。电力包的调度由每个路由器单独执行。当确定请求电力包的路由时,路由器将使用一种基于 DP 算法的机制来调度这些电力包。然而,电力信道可能不足以调度所有的电力包,所以非计划电力包需要等待下一个调度周期;如果所有的电力包都已被调度,这些电力信道也可以用来支持一些需求者和公用电网之间的功率交换。

(4) 传输。在传输步骤中,控制器获取调度路由信息后,将结果发送给供应商和路由器。路由器将根据标记的 IP 和调度结果转发电力包。

为了实现一种高效的电力调度,将分三个顺序周期进行路由、调度和传输,每个周期包含 C 个时隙。路由和调度是在一个周期的第一个时隙中执行的,传输将占据整个周期,如图 6.45 所示。

除了上面介绍的两种电力调度方案外,在智能电网方面还有很多其他研究成果,感兴趣的同学可以课后阅读相关论文[38][39],做进一步地了解。

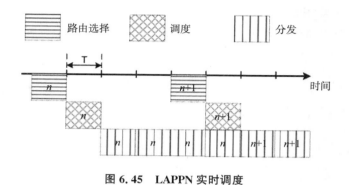

图 6.45 LAPPN 实时调度

习　题

1. 使用树莓派连接温湿度传感器 DHT11，实现室内温度和湿度的测量。

2. 试在对第 2 节中的无线智能家居系统进行实现的基础上，对其功能进行进一步添加和优化。

3. 总结边缘计算与云计算的异同。

4. 你认为生活中哪些场景适合应用边缘计算？试进行阐述。

参考文献

[1] Google. 平台架构[EB/OL]. (2020-05-07)[2021-03-05]. https://developer. android. google. cn/guide/platform.

[2] 陈爱军. 深入浅出通信原理[M]. 北京:清华大学出版社,2018.

[3] 曹志刚,钱亚生. 现代通信原理[M]. 北京:清华大学出版社,1992.

[4] 赵树杰,赵建勋. 信号检测与估计理论[M]. 北京:清华大学出版社,2005.

[5] 金光,江先亮. 无线网络技术教程(第 3 版)——原理、应用与实验[M]. 北京:清华大学出版社,2017.

[6] 杨学志. 通信之道:从微积分到 5G[M]. 北京:电子工业出版社, 2016.

[7] 中国信息通信研究院. 互联网发展趋势报告[EB/OL]. (2017-12)[2021-03-05]. http://www. cac. gov. cn/2018-04/25/c_1122741920. htm.

[8] 张炬. TDMA 和 CDMA 通信系统关键技术研究[D]. 成都:电子科技大学,2002.

[9] 匡素文. CDMA2000 中分组数据控制功能的实现[D]. 杭州:浙江大学,2002.

[10] 龙毅. TD-SCDMA 物理层仿真及 Turbo 编解码研究[D]. 广州:华南理工大学,2003.

[11] 元泉. LTE 轻松进阶[M]. 北京:电子工业出版社, 2012.

[12] B J Fogg. A behavior model for persuasive design[C]. Persuasive Technology, Fourth International Conference, 2009.

[13] Z Li, L Chen, Y Bai, et al. On Diffusion-restricted Social Network:A Measurement Study of WeChat Moments[C]. IEEE International Conference on Communications(ICCC), IEEE, 2016.

[14] Thomas L Marzetta. Non-cooperative Cellular Wireless with Unlimited Numbers of Base Station Antennas[C]. IEEE Transactions on Wireless Communication, 2010.

[15] 华为. 5G 网络架构设计白皮书[EB/OL]. (2019-12-13)[2021-03-05]. http://www. idcquan. com/Special/download/WP/wangluojiagou. pdf.

［16］华为. 5G 时代十大应用场景白皮书［EB/OL］.（2020-09-03）［2021-03-05］. https://www. huawei. com/cn/industry-insights/outlook/mobile-broadband/in-sights-reports/5g-unlocks-a-world-of-opportunities.

［17］邵泽华. 物联网与互联网［J］. 物联网技术,2016,6(5):109-112.

［18］中国电子技术标准化研究院,国家物联网基础标准工作组. 物联网标准化白皮书［R］. 2016.

［19］李联宁. 物联网技术基础教程［M］. 北京:清华大学出版社,2012.

［20］中国信息通信研究院. 物联网白皮书(2016)［R］. 2016.

［21］工业和信息化部电信研究院. 物联网白皮书(2011)［R］. 中国公共安全(综合版),2012.

［22］张新程. 物联网关键技术［M］. 北京:人民邮电出版社,2011.

［23］宋蒙,刘琪,许幸荣,等. URLLC 技术研究及其在智能网联行业的应用探讨［J］. 移动通信,2020,44(2):50-53.

［24］李静,董秋丽,廖敏. URLLC 应用场景及未来发展研究［J］. 移动通信,2020,44(2):20—24.

［25］孙越.基于工业互联网技术的车联网感知学习系统研究［D］. 北京:北京大学,2016.

［26］Lorenzo Casaccia. Propelling 5G forward:A closer look at 3GPP Release 16［EB/OL］.（2020-07-07）［2021-03-05］. https://www. qualcomm. com/news/onq/2020/07/07/propelling-5g-forward-closer-look-3gpp-release-16.

［27］金鑫,张勇. 物联网在智慧医疗系统建设中的应用［J］. 数字化用户,2014,000(009):151-152.

［28］梁瑞.物联网在智慧医疗系统建设中的应用思考［J］. 电脑知识与技术,2012,08(2):303-305.

［29］Raspberry Pi. Raspberry Pi［EB/OL］.（2021-03-02）［2021-03-05］. https://www. raspberrypi. org.

［30］Abbas N,Zhang Y,Taherkordi A,et al. Mobile Edge Computing:A Survey［J］. in IEEE Internet of Things Journal,2018,5(1):450-465.

［31］Satyanarayanan M,Bahl P,Caceres R,et al. The Case for VM-Based Cloudlets in Mobile Computing［J］. IEEE Pervasive Computing,2009,8(4):14-23.

［32］Ha K,Chen Z,Hu W,et al. Towards Wearable Cognitive Assistance［C］. ACM,2014.

［33］丛书畅,姚超,王鹏飞,等. EdgeFlow 移动边缘计算在物联网中的应用

研究[J]. 物联网学报，2019.

[34] 姚超. 移动边缘计算中的任务卸载算法研究[D]. 北京大学：北京大学信息科学技术学院，2018.

[35] Ma J，Song L，Li Y. Optimal Power Dispatching for Local Area Packetized Power Network[J]. IEEE Transactions on Smart Grid，2017.

[36] Zhang H，Li S，Wu J，et al. Peer to Peer Packet Dispatching in DC Power Packetized Microgrids：ICC 2019 - 2019 IEEE International Conference on Communications（ICC），May 20-24，2019 [C]. Shanghai，China.

[37] Zhang H，Zhang H，Song L，et al. Peer-to-Peer Energy Trading in DC Packetized Power Microgrids[J]. IEEE Journal on Selected Areas in Communications，2020，38(1)：17-30.

[38] Zhang H，Song L，Li Y，et al. Peer-to-Peer Packet Dispatching for Multi-Router Local Area Packetized Power Networks[J]. IEEE Transactions on Smart Grid，2019，10(5)：5748-5758.

[39] Stute M，Kreitschmann D，Hollick M. One Billion Apples' Secret Sauce：Recipe for the Apple Wireless Direct Link Ad hoc Protocol：Proceedings of the 24th Annual International Conference on Mobile Computing and Networking（MobiCom'18），October 29-November 2，2018[C]，New DeLhi，India.

[40] Stute M，Narain S，Mariotto A，et al. A Billion Open Interfaces for Eve and Mallory：MitM，DoS，and Tracking Attacks on iOS and macOS Through Apple Wireless Direct Link：the Proceedings of the 28th USENIX Security Symposium，August 14-16，2019[C]. Santa Clara，CA，USA.

[41] D Camps-Mur，E Garcia-Villegas，E Lopez-Aguilera，et al. Enabling always on service discovery：Wifi neighbor awareness networking[J]. IEEE Wireless Communications，2015，22(2)：118-125.

[42] Liu F，Tang G，Li Y，et al. A Survey on Edge Computing Systems and Tools[J]. Proceedings of the IEEE，2019，107(8)：1537-1562.